改訂版 論理と集合のはなし

● 正しい思考の法則

大村 平 著

日科技連

まえがき

　江戸時代の浮世絵師，葛飾北斎の傑作に「富嶽三十六景」があります．私は集合や論理という言葉を聞くたびに，この絵を思い出すのですが，それには2つの理由があると思っています．

　富嶽三十六景は，四季おりおりの風景を前景にして描かれた富士山の36枚組です．夕日を浴びてあかね色に染まった富士，砕ける荒波のむこうに鎮座する富士，のどかな松並木の間からかいまみた端正な富士など，いずれも富士山の隠れた一面にはっと驚かされるのですが，同時に，どの絵の中でも富士山がまちがいなくへそその位置を占めていることにも感心してしまいます．そして，ここのところが数学の中における集合や論理とそっくりなのです．

　私たちは，いろいろな数学の分野を知っています．数，式，関数，行列やベクトル，微積分，確率と統計，……．そして，どの分野を学んでいるときでも，その分野のへそその位置に集合や論理の姿を見出すと同時に，集合や論理の隠れた一面にはっと驚かされます．これが，集合や論理から富嶽三十六景を連想する理由のひとつです．

　もうひとつの理由は，富嶽三十六景が一分の抒情もはいりこまない純粋造形的な風景画であり，かたや，集合や論理も純粋で抽象性の高い現代数学の基礎といわれるだけのことはあって形式的に洗練されているという共通点にあるらしいと，自己分析しています．

この本は，12巻にもおよぶ「はなし」シリーズの最後の一巻です．まっさきにへそが描かれるべきか，へそは最後に描かれるほうがいいのか，意見の分かれるところかもしれませんが，ともあれ，だるまに目玉を描きいれるように，「はなし」シリーズにも最後のへそを描きいれなければなりません．ほんとうをいうと，集合や論理のはなしは純粋数学風な形式をとるのが正しいのでしょうが，この「はなし」シリーズがわかりやすいことをモットーにしている都合上，下世話風に話を進めさせていただこうと思っています．冗舌にめげずに付き合ってくださるよう，おねがいいたします．

　なお，12巻にもおよぶ「はなし」シリーズの最後の一巻を世に出すに当って全巻を省みると，あちらこちらに重複や齟齬や無駄があるし，そればかりか，内容的にも青臭いところが多く，穴があったら逃げこみたいような心境です．私なりに，いっしょうけんめい書いてきたのですが，これが私の実力なのかと情けなくなります．どうぞ，お許しください．

　最後に，私ごときに，このシリーズを執筆する機会を与え，おだてたり励ましたりしながら，ついにこのシリーズを完成していただいた日科技連出版社の方々，とくにこのシリーズの生みの親でもあり育ての親でもある山口忠夫さんに厚くお礼を申し上げます．

　昭和 56 年 8 月

大　村　　　平

まえがき

　この本が出版されてから，早いもので，30年以上もたちました．その間に思いもかけないほど多くの方々にこの本を取り上げていただいたことを，心からうれしく思います．ところが，その間の教育環境を含めた社会環境の変化や数学基礎論の発展などにより，文中の記述に不自然な箇所が目につきはじめました．そこで，そのような部分だけを改訂させていただきました．

　初版の「まえがき」に，「12巻にもおよぶ『はなし』シリーズ最後の一巻」と書きましたが，その後も多くの出版の機会を与えていただき，気がついたら，最後と言っておきながら，その後で15点も書いてしまいました．なんとも往生際が悪いというか……．また，この本を含めて，改訂版も14点にもなりました．「はなし」シリーズが，今まで以上に多くの方のお役に立てれば，これに過ぎる喜びはありません．

　なお，改訂にあたっては，煩雑な作業を出版社の立場から支えてくれた，塩田峰久取締役に深くお礼を申し上げます．

　　平成26年7月

　　　　　　　　　　　　　　　　　　　　　　大　村　　平

目　　次

まえがき ………………………………………………………… *iii*

Ⅰ　言霊の幸ふ国——論理と集合ことはじめ ………………… *1*
　　コトダマノサキハウクニ ……………………………………… *1*
　　議員の半数はバカではない？ ………………………………… *4*
　　論理の系図 ……………………………………………………… *6*
　　図解で論理を …………………………………………………… *8*
　　論理と集合の接点 ……………………………………………… *12*
　　新しいスターが登場したわけ ………………………………… *15*

Ⅱ　'からっぽ'も実存するか——集合あれこれ ……………… *21*
　　「集まれ」か「集まり」か …………………………………… *21*
　　集合の表わしかた２題 ………………………………………… *24*
　　集合あれこれ …………………………………………………… *26*
　　からっぽの集合 ………………………………………………… *29*
　　部分集合はいくつ？ …………………………………………… *31*
　　全体と余りの集合 ……………………………………………… *35*
　　等しい集合と対等な集合 ……………………………………… *38*
　　集合の大きさと濃度 …………………………………………… *42*

有限集合と無限集合 ……………………………………………… *44*

Ⅲ なんとなく，コンプレックス
——**集合どうしの，からみあい** ……………………………… *48*
カイから始めよ ……………………………………………………… *48*

交わりと 結び ………………………………………………………… *52*

集合のたし算とかけ算 ……………………………………………… *57*

∩は積，∪は和であることの傍証 ……………………………… *63*

ド・モルガンの法則 ………………………………………………… *66*

たまには式の運算を ………………………………………………… *71*

∩は積，∪は和ではあるけれど …………………………………… *72*

和集合では要素の個数に注意 …………………………………… *76*

集合のひき算 ………………………………………………………… *77*

再び，ド・モルガンの法則 ………………………………………… *78*

Ⅳ 存在より秩序が決め手—— **演算と構造** ……………………… *82*
演算とは対応の約束ごと …………………………………………… *82*

ジャンケンも演算のうち …………………………………………… *86*

閉じている…… ……………………………………………………… *88*

数の集合は，加減乗除について閉じているか ………………… *90*

集合は構造がいのち ………………………………………………… *94*

構造の設計図は演算のルール ……………………………………… *99*

要素は無尽蔵に湧いてくるか ……………………………………… *101*

V ロマンへの旅立ち──無限の世界のミステリー ………… *104*

　無限の恐怖 ………………………………………………… *104*

　2つに割っても小さくならない話 ……………………… *106*

　へんなホテル ……………………………………………… *109*

　かぞえられる無限 ………………………………………… *114*

　整数は可算，そして有理数は？ ………………………… *117*

　不死身の $\aleph$ ………………………………………………… *120*

　実数が可算でないことの証し …………………………… *123*

　連続体濃度 ………………………………………………… *127*

　直線上の点と平面上の点が同数 ………………………… *132*

　無限には無限の階級が …………………………………… *134*

VI 人はぜひとも死なねばならないか
──論理の基礎コース ……………………………… *139*

　命題の1と0 ……………………………………………… *139*

　情を殺して ………………………………………………… *143*

　4つの論理記号 …………………………………………… *145*

　∧はかけ算，∨はたし算 ………………………………… *150*

　否定するとどうなるか …………………………………… *156*

　p ならば q の真偽を考える …………………………………… *159*

　論理の演算法則 …………………………………………… *165*

　トートロジーのからくり ………………………………… *170*

　私が死なねばならないわけ ……………………………… *173*

Ⅶ 道理が通れば無理がひっこむ —— 論理の上級コース … *176*

佳人はみな薄命か … *176*
もういちど三段論法 … *181*
定言命題を否定するとどうなるか … *183*
逆と裏と対偶と … *188*
逆かならずしも真ならず … *191*
食べなければ腹はへらない？ … *195*
必要と十分 … *197*
証明は命題の連鎖 … *199*
命題関数 … *203*
∀と∃とでおおさわぎ … *207*

Ⅷ はたして真実があるのか —— 集合のパラドックス … *213*

論理演算とスイッチ回路 … *213*
関数と集合 … *218*
確率と集合 … *222*
図形と集合 … *224*
集合論の虚像と実像 … *228*

付　録 … *233*

付録1　ベン図について … *233*
付録2　直積について … *235*

マンガ・井出清隆

I 言霊の幸ふ国
———論理と集合ことはじめ———

コトダマノサキハウクニ

　古代の日本では，言葉には人智の及ばない不思議な力が宿っていると信じられていました．これを言霊(ことだま)信仰というのですが，言霊に対する信仰は厚く，ひとたび言葉で表現すると，それは言霊の力によって現実になると信じられていたようです．万葉集でも「そらみつ大和(やまと)の国は皇神(すめかみ)の厳(いつく)しき国言霊の幸(さきは)ふ国と語り継ぎ言ひ継がひけり」(山上憶良)と言霊に敬意をはらっているくらいです．

　言葉に表わすと即，実現するというのはちょっと信じ難いし，もしそれがほんとうなら，「私は億万長者だ」と下品なことを叫びたい心境です．しかし，言葉即現実ではないにしても，少なくとも言葉がなければ'概念'も存在しないように思えます．たとえば，'美'という言葉が存在しないと思ってみてください．私たちは豊かな自然の風景を眺めると感動するし，すぐれた工芸品や生け花に接しても感動を覚えますが，さて，これらの感動を呼び起こしたものはな

んでしょうか.それはきっと'美'というものなのでしょうが,なにしろ'美'という言葉がないのですから統一された美の概念も存在できないように思えます.多くの人に共通の概念が発生し,それが美という言葉を生んだとも考えられないことはありませんが,少なくとも美という言葉が誕生しないことには概念が万人のものとして認知されないことも,また事実でしょう.まさに,はじめに言葉ありき,なのです.

言葉はこれほど重大なのですから,間ちがいなく,きちんと使われなければなりません.言葉が異なれば意味する概念も現象も明らかに異なるからです.それにもかかわらず,現実にはずいぶん無造作に使われるために意味があいまいであることが少なくありません.近年よく指摘される「言葉の乱れ」について言っているのではありません.古来,名言といわれているものの中にも意味の不確かなものが少なくないのです.たとえば…….

ご存知の「巧言令色すくなし仁」*はどうでしょうか.巧言でかつ令色な人には仁が少ないのでしょうか.それとも,巧言な人にも令色な人にも仁が少ないのでしょうか.どうもよくわかりませんが,常識的にみて後者のように思われます.つまり,「巧言 or 令色」には仁が少ないのです.

同じように,「巧遅は拙速にしかず」**もそうです.「巧 or 遅」よりは「拙 or 速」のほうがいいのかと思うと,そうではなさそうで

---

*「巧言令色鮮し仁」:論語の中の一節.口先でうまいことを言ったり,あいきょうを振りまくような人には真心をもった人は少ない,という意味.

**「巧遅は拙速に如かず」:文章軌範(中国宋代の文章)の一節.じょうずでも遅いよりは,へたでも速いほうがいい,という意味.

I 言霊の幸ふ国

す.「巧 and 遅」よりは「拙 and 速」のほうがいいにちがいありません. けれども, and や or が省略された言葉の配列だけからみると「巧 or 遅」と「拙 or 速」の比較ではないと断ずるだけの証拠もないので, 困ってしまいます.

もうひとつ, これは実際にあった話だそうですからお許しいただきたいのですが, ある町会議員が「この町の町会議員の半数はバカだ」と失言して陳謝する羽目になったとき,「ただいまの失言を取り消します. 町会議員の半数はバカではありません」と謝ったというのですが, はて……? どうも, ほんとうに失言を取り消してもらったような気分にはならないではありませんか.

せっかく, 言霊の幸ふ国に生を受けた私たちとしては, 言葉の使われ方がこのようなていたらくでは, 危っかしくて夜もおちおち眠れない心境です.

議員の半数はバカではない？

「君はバカです」を否定すると確かに「君はバカではありません」となるのに，「議員の半数はバカではありません」では「議員の半数はバカです」を否定した気分にならないのはなぜでしょうか．

その理由を明らかにするために，議員全員の集まりをひとつの円で代用してみます．議員全員がこの円の面積を均等に占有していると考えていただくとわかりやすいかもしれません．そして，バカな議員に相当する面積にうすずみを塗ることにしましょう．そうすると，図1.1のように，ちょうど半分だけうすずみが塗られた円が「議員の半数はバカ」を表わしていることになります．

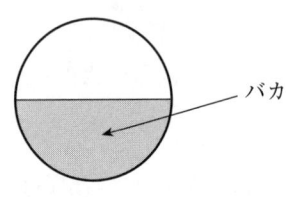

図1.1 半数はバカです

ところで，この円の半分はうすずみが塗られていないので純白です．純白の面積は「バカではない」議員のぶんで，これもちょうど議員の半数に相当します．したがって，この円は「議員の半数はバカ」を表わすと同時に「議員の半数はバカではない」を表わしていることになります．つまり，この図に関する限り，「議員の半数はバカ」と「議員の半数はバカではない」とは，まったく同じ状態を言い表わしているのです．これでは，くだんの議員さんの陳謝は，失言を取り消したことにはならず，前言を改めて確認したにすぎないではありませんか．

もっとも，この議員さんは，「議員の半数はバカではありません」と言い直したのであって，「さきほどバカと呼んだ議員以外の半数

I 言霊の幸ふ国

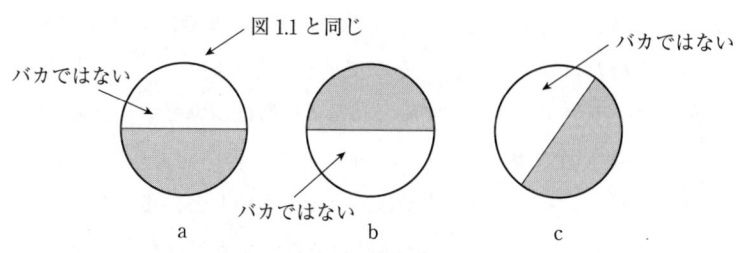

図1.2 半数はバカではありません

はバカではありません」と言ったわけではありません.つまり,図1.2のa図のように,図1.1と同じ状態を再確認したと断ずるのも公正とは言えないのです.

さらにまた,「さきほどバカと呼んだ議員はバカではなく,バカと呼ばなかった議員はバカです」と言い直したのではありませんから,b図のように前言の正反対を主張したわけでもありません.だいいち,「議員の半数はバカ」の発言では,バカを個人名で指定してはいないのですから,このような取消し方はないはずです.

さあ,だんだんと混線してきました.いったい,「議員の半数はバカではありません」とは,どのような状態を主張しているのでしょうか.それは,いうなればc図のように,ただ,議員の半数はバカではない,いいかえればいぜんとして議員の半数はバカである,と主張しているにすぎません.そうすると,前言でバカと呼ばれた議員のうちの何割かは確かに失言を取り消されているのですが,残りの何割かはバカを再確認されていることになります.だから,「議員の半数はバカではありません」では,「議員の半数はバカです」を否定された気分にならないのはもっともな話なのです.

では,「議員の半数はバカです」を否定するにはどうしたらいい

のでしょうか．それには，「すべての議員はバカではありません」と言わなければなりません．そして，おもしろいことに，「すべての議員はバカです」と言っても「議員の半数はバカです」を否定したことになるのです．なにしろ，前ページに書いたように，「議員の半数はバカ」と「議員の半数はバカではない」とはまったく同じ状態を言い表わしているし，「議員の半数はバカではない」を否定すると「すべての議員はバカ」になってしまうからです．

　失言を陳謝するはめになった議員さんの場合，いっそのこと「ただいまの失言を取り消します．町会議員は全員バカです」と言ってみれば，もっと痛快だったかもしれません．

　「議員の半数はバカ」の否定が「議員の全員はバカ」であるという理屈は，直感的にはわかりにくいかもしれませんが，第Ⅶ章できちんとご説明するつもりですから，しばらくお待ちください．どうしても待てない方は，とりあえず188ページの図7.6を見ていただければ，一応は合点していただけるとは思いますが……．

論 理 の 系 図

　'論理'という日常用語があります．彼の思考は論理的だとか，彼の議論は論理が通っている，というように使われることからもわかるように，思考の筋道を意味するのでしょう．そして，論理的であるためには，「議員の半数はバカ」の否定が「議員の半数はバカではない」ではなく，「議員の全員がバカではない」か「議員の全員がバカ」であることや，「巧言 or 令色」と「巧言 and 令色」とが異なることなどが，きちんと理解されていなければなりません．

そこで，正しい思考の形式や法則を体系づけた学問が必要になります．これを**論理学**といいます．ときには，学を省略して**論理**ということもあり，この本のタイトルの'論理'はこの意味です．

実をいうと，論理学は認識論理学と形式論理学に大別されます．**認識論理学**というのは認識の本質や過程を研究する学問で，たとえば，「A は B である」という事実を認識すること自体を研究対象とした学問であると思っておけばいいでしょう．つまり，「イブは女である」という事実を認識するにあたって，どのような意識の作用や思考の過程を経て，それを正しい事実と認めるかというところを対象とするのですから，非常に哲学的な匂いがします．

これに対して，**形式論理学**のほうは，文字どおり見事に形式的に整理された論理学です．たとえば，「すべての M は P である」と「すべての S は M である」との事実関係がありさえすれば，そこから「すべての S は P である」という結論が導かれるのですが，これは，M, P, S がどのような概念の場合にでも成り立ちます*．「すべての女性はやさしい」と「すべての母親は女性である」という前提がありさえすれば「すべての母親はやさしい」が成立するし，また，「すべての生物は死ぬ」と「すべての人間は生物である」とからは「すべての人間は死ぬ」が導かれるように，です．このように，思考や判断の過程を形式的に体系づけたものが形式論理学です．

これは，数学にとてもよく似ています．数学でも，たとえば，
$$(a+b)(a-b) = a^2 - b^2$$
は，a や b がどのような数であっても，また，$x+y$ とか $\log x$ や

---

* これが有名な**三段論法**の形式です．詳しくは 175 ページをどうぞ．

$\sin x$ のような値であっても，いつでも成立する形式であり，逆に言えば，どのような数や式にも共通する原理を抽象して一般化し，体系的に整理したものが数学であるともいえるでしょう．こういう立場に立ってみれば，形式論理学は明らかに数学です．どのような概念を対象にしても成立する原理を抽象して一般化した論理体系なのですから．そのため，**数理論理学**あるいは**記号論理学**とも呼ばれるのです．

こういうわけですから，この本で取り扱う論理は，形式論理学のほうです．なにしろ，この本は哲学の本ではなく数学の本だからです．

数学も見方によっては哲学の一種だ，その証拠に，アメリカでは学術による博士は Doctor of Philosophy というではないか，などと混ぜっ返さないでください．それとこれとは話がちがいます．

図解で論理を

「議員の半数はバカ」を否定するにはどう言うのが正しいかを検討するにあたって，私たちは，図 1.1 や図 1.2 のように，議員全体の集まりをひとつの円で表わしてみました．思考の内容を整理したり他人に伝達するには，言葉だけで議論するより図解入りのほうが，ずっとわかりやすいからです．

そこで，「巧言令色すくなし仁」も図解してみようと思います．図 1.3 を見ながら付き合ってください．

まず，巧言な人の集まりをひとつの円で表わします．巧言な人と巧言ではない人との区別がつきにくいなどと神経質に悩まずに，割

りきって巧言な人だけの集まりをひとつの円で代用できると信じるのです．つづいて同様に，令色な人をひとつの円で表わしていただきます．巧言な人たちと令色な人たちのどちらが多いかを示す統計データがないので，円の大きさをどのくらいにしていいかわからないと悩む必要はありません．考え方を整理するだけですから，適当な大きさの円を描いてください．

さて，ここで，おもしろいことが起ります．

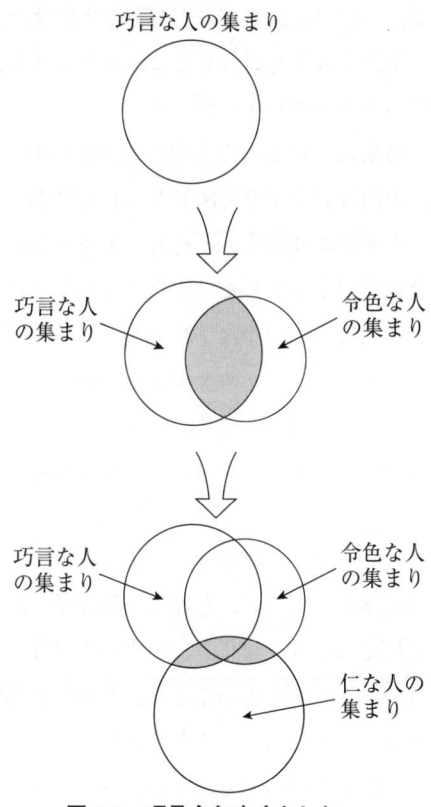

図1.3 巧言令色すくなし仁

世の中には，巧言ではあるけれど令色ではない人と，巧言ではないけれど令色な人と，巧言でもあり令色でもある人とがいますから，巧言な人の集まりを表わす円と，令色な人を表わす円とが部分的に重なり合うはずです．図1.3の中央の絵で，両方の円が重なり合う範囲に薄ずみを塗ってありますが，この部分が巧言でもあり令色でもある人の集まりを表わしていることは納得がいくはずです．そし

て，ついでに，両方の円を加え合わせたダルマ型の図形が巧言な人と令色な人とをいっしょにした集まりを表わしていることも納得していただきましょうか．

最後に，仁な人たちの集まりを表わす円を描きます．その場合，仁の円はダルマ型の図形と少しだけ重なり合うように描いていただく必要があります．それも，ダルマ型に含まれている巧言の円とも令色の円とも少しだけ重なり合わなければなりません．このようにして完成したのが図 1.3 のいちばん下の絵です．

この絵では，ダルマ型と仁の円とが重なっている部分に薄ずみが塗ってあります．そして，「巧言令色すくなし仁」という事実は，この部分が少ししかないということによって図示されているわけです．

ところで，この部分はさらに 3 つの小部分に分割されていることにご注目ください．左側の小部分は，巧言ではあるが令色ではなくて仁である人の集まり，中央の小部分は，巧言でもあり令色でもあるのに仁である人の集まり，右側の小部分が，巧言ではなく令色であり仁である人の集まりを示しています．ひと口に「巧言令色すくなし仁」と言っても，その内容は意外に複雑であることが，こうして図示してみると理解できるではありませんか．

ここで，ちょっとした頭の体操を楽しんでいただきましょう．図 1.4 に 2 つの絵が描いてありますので，これを言葉で言い表わしてください．

まず左側は，「巧言に仁なし，令色に仁すくなし」になりそうです．そして右側は……．巧言にも少ないながら仁がいるし，令色にも少数の仁がいるのですから，やはり，「巧言令色すくなし仁」と

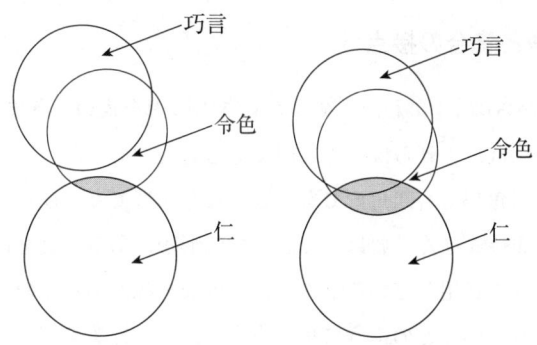

図 1.4　なんと申しましょうか

なってしまいます．けれども，こんどは，巧言であり令色でなく仁である人たちが皆無であるところが，図1.3の場合と異なります．つまり，図1.3ではダルマ型と仁の共通部分が3つの小部分から成り立っていましたが，こんどは小部分が2つしかないのです．それにもかかわらず，両方とも「巧言令色すくなし仁」では，事実を正確に言い表わしていないではありませんか．困ったものです．

困ったものですが，このあたりが日常の言葉としては限界のように思われます．図1.3と図1.4の右側とを日常の言葉で区別しようとすると，これは容易ではありません．こういうときこそ論理学の活躍の舞台です．論理学によれば形式的な記号をいくつか並べるだけで両者を明確に区別できるのですから……．

こうして，言霊の幸ふ国にも無粋な論理学が登場する仕儀と相成るのであります．

論理と集合の接点

図 1.1 から図 1.4 にわたって，たくさんの円を描いてきましたが，考えてみれば，これらはとくに円である必要があったわけではありません．三角形でも四角形でも，ひょうたん型でも，ひとで型でも少しもかまいません．要は，これらの図形が，ある性質を持った同類の集まりを代用しているところに重要な意味があったのです．

なんでもないことのように思えますが，ある性質を持った仲間を他のものからしっかりと区別し，ひとつのグループとして扱うということは，ときとして大きな便利さを私たちにもたらします．たとえば，1 年 A 組の担任の先生は，1 年 A 組に属するという性質をもった生徒だけを他の生徒たちとはしっかりと区別し，ひとつのグループとして扱うにちがいありません．

その区別のきびしさは，B 組や C 組や D 組の生徒どうしを区別するのに較べれば段ちがいです．そして，「1 年 A 組の生徒」が他の生徒たちとは明確に区別されたひとつのグループであるからこそ，「1 年 A 組の生徒は 10 時に音楽室に集合」などと号令をかけられるのです．かりに，「1 年 A 組の生徒」をひとつのグループとして取り扱うという思想がないとしたら，秋田君，伊東君，宇都宮君，……と，1 年 A 組に登録された全員の名前を列挙したうえで，10 時に音楽室に集合，と号令しなければならず，その煩わしさは，想像に難くないでしょう．

1 年 A 組の生徒の場合には，たかだか 3 〜 40 名くらいですから，全員の名前を列挙しようと思えば，できます．けれども，自然数の場合はどうでしょうか．自然数は，1，2，3，4，……と無限にた

Ⅰ　言霊の幸ふ国

くさん存在しますから，有限の寿命しか与えられていない私たちにとって，すべての自然数を列挙することなど，絶対に不可能です．ですから，「自然数」という概念や言葉なしには自然数のすべてを言いつくすことさえできません．

　ところで，秋田君は1年A組の生徒ですし，伊東君と宇都宮君の2人も1年A組の生徒です．そして，1年A組の生徒全員もまた「1年A組の生徒」です．つまり，秋田君や伊東君など一部の生徒も「1年A組の生徒」ですし，全員も「1年A組の生徒」ですから話がややこしくなります．

　同じように，1や2も，17と19と23も自然数ですし，自然数のすべても自然数です．これでは紛らわしくて困ります．この紛らわしさは，日本語に欠陥があるからではありません．他の国の言葉でも，一部の自然数を指すのか，すべての自然数を指すのか判然としないのです．

　日常会話の場合には，この程度のあいまいさは，さして支障とはならないし，かえって味を作り出したりするので許されるのでしょうが，正確さをモットーとする数学の世界では，これは容赦できません．そこで，ある性質で他と区別されるものの全員の集まりを**集合**と名付けることにします．つまり，「1年A組の生徒の集合」といえば，1年A組に登録された全員の集まりを意味するし，「自然数の集合」は，1，2，3，……と無限に存在する自然数ぜんぶの集まりを指すと約束するのです．

　くどいようですが，数学では正確さをモットーとします．したがって，集合という用語は，その集合に含まれるものが明確でなければなりません．1年A組の生徒や自然数は定義が明確であり，

某君が1年A組の生徒であるか否か，ある数が自然数であるか否かが明瞭ですから，それらは集合を形成しています．これに対して，美人の集合，寒い日の集合，高い山の集合などは，集合と呼ぶにはふさわしくありません．美人と不美人には明確な区別があるわけではなく，剛力彩芽や宮里藍が美人集合の一員かどうか意見が分かれそうですし，寒い日も高い山も定義が明確ではないからです．

そういう見地からすると，バカな議員，巧言な人，令色な人，仁な人などの集まりも集合と呼ぶにはふさわしくありません．けれども，そこは他の哺乳動物とちがって頭の中に抽象的な概念を描くことができる私たちですから，美人と不美人が明確に区別できるとみなして美人の集合を頭の中に描いてみるのも楽しいではありませんか．

そうすると，私たちは図1.1から図1.4にわたって，バカな議員の集合，バカではない議員の集合，巧言な人の集合などを頭の中に描き，それらを図示して議論を進めてきたことになります．そして，そこでは論理についての話をしていたのですから，その点で論理と集合とが固い握手をしていたことに気がつき，この本が「論理と集合のはなし」であることの理由が若干はわかったような気がするのです．

論理と集合の接点は，しかし，この一点ばかりではありません．論理と集合とは，全面的に密接なかかわり合いを保ちながら数学の基礎を固めているのです．そして，それを書くのがこの本の目的でもあります．

新しいスターが登場したわけ

集合とは，他のものとはっきり区別できるものの集まりであると書きました．したがって，集合はだれにでも容易に理解できる平易な概念です．その証拠に，英語では集合のことを set というのですが，set は応接セット，ゴルフセット，ままごとセットなどの慣用語として気軽に使われているのです．

集合は，このように平易な概念なのですが，しかしながら，1968年に突如として小・中学校の学習指導要領に出現したときには，世の親たちはど肝を抜かれたものです．なにしろ，当時，小中学生の子供を持っていた親たちにとっては，見たことも聞いたこともないような用語でしたから，子供たちに質問でもされようものなら，たちまち返答に窮して親の権威を失墜しかねず，内心びくびくものだったのです．

そこで，まっ青になった親たちの一部は，あわてて参考書を買いに走ることになったのですが，ここで妙なことが起りました．これらの参考書や教科書は，なにしろ小中学生むきに解説してあるのですから，たいしてむずかしくはないのですが，どうもよくわからないのです．書いてあることがわからないのではなく，なぜ，この程度の集合がいちやく脚光をあびて小中学校の教科書に登場してきたのかが，わからないのです．

参考書によれば，集合はすべての数学の基礎だというのですが，なぜ集合を学ばないと，数とか方程式とか図形などの既存の数学がほんとうには理解できないというのでしょうか．そこが，わからないのです．それどころか，教科書や参考書を見たところでは，集合という概念の重要さを主張するために，既存の数学をなんでもかんでも集合にこじつけているのではないかと思えるふしさえあるのでした．

思うに，世の親たちを困惑させた集合論の登場には2つの背景があったようです．ひとつは，数学の研究が近年になって大きく変貌をとげつつあったという状況です．もうひとつは，数学教育のあり方が反省期を迎えていたという事実です．そこで，紙面を少しばかりお借りして，それらについて触れてみようと思います．

私たちは，数学という学問がすでに完成されていて永久に不変のものと思いがちですが，事実はまったくそうではありません．一般の人たちにとって名前さえ聞いたことのなかったものが，ある日突然，教科書に登場し，レギュラー・ポジションを得ることがあることからも，数学の変化のはげしさが，うかがい知れます．

ひと口に数学といっても，かぞえることの必要性から誕生した数

の概念や代数，国を治めるために使われだした統計学，土木や航海のために進歩した幾何学，面積や体積を求めたり物理現象を解析しながら発達した微積分学などが，数学という学問の中に雑居しながらてんでんばらばらに発展してきたのが実態です．そして，集合論はカントール*が壮大な神学体系を生み出したいとの期待をこめて創始したといわれるのですが，その後，多くの学者によって手を加えられたり他の分野に応用されたりしながらも，数学部屋に雑居する一員にすぎませんでした．

ところが，雑然と同居する数学の各分野を整理統合し，チームワークのとれた体系を作ろうとする努力が活発に行なわれるようになって，**現代数学**あるいは**近代数学**と呼ばれる抽象度の高い数学体系に再編成されました．そして，再編成の過程でよく考えてみると，数学のいろいろな分野，つまり，数、関数，確率，統計，論理，図形などなどを対象として発達してきたほとんどすべての分野が，集合論という共通の基礎の上に整理すると，うまく体系づけられることに気がついたのです．だから，集合論を理解すると，すべての数学分野がよりよく理解できるばかりではなく，いろいろな数学どうしの関連性についても合点がいくにちがいない，と信じられはじめました．

長くなりましたが，これが集合論が小中学校の教科書に登場することになったひとつの背景です．そして，もうひとつの背景，数学教育のあり方に対する反省，はつぎのとおりです．

---

* Georg Cantor(1845～1918)：ドイツの哲学的数学者，集合論の生みの苦しみと周囲の無理解のため，晩年は神経症に悩まされたといわれます．

1957年に旧ソ連が人類史上はじめてスプートニク*を打ち上げ，宇宙開発競争でアメリカに先んじました．この成功によって，科学技術ではソ連をはるかに凌駕していると信じていたアメリカを大いにあわてさせたものでした．それまでアメリカでは，抽象性の高い数学はむずかしいので小中学校の教育にはふさわしくない，程度が低くてもいいから具象的なわかりやすい教え方をして落ちこぼれを防ごう，という教育方針だったのですが，ソ連に遅れをとった理由がこの教育方針にあったことに気がつき，急きょ，数学教育をもっとレベルの高い，つまり抽象度の高いものに変更したのです**．

　日本の数学教育も，第二次大戦直後に，アメリカの政策によってアメリカ並みの水準に落とされたのですが，その後，多少の改正を加えていったので，アメリカほどはあわてる必要はありませんでした．けれども，アメリカがくしゃみをすると日本は風邪をひくといわれるほどアメリカの影響をもろに受ける日本のことですから，日本の数学も現代数学のほうに目をむけようということになり，1968年の学習指導要領に数学教育の現代化が取り入れられ，そこで，集合論の登場となったわけです．

　けれども，いまから反省すると，たいていのものごとがそうであるように，集合論の登場もじゅうぶんに機が熟していたとは思えま

---

* 「スプートニク」はロシア語で衛星のことですが，ふつうはソ連の人工衛星という意味に使われています．その第1号は，1957年10月4日に史上最初の衛星として打ち上げられました．
** 抽象度が高いと，なぜレベルが高いかについては，紙面の都合で説明を省きます．怪しいとお思いの方は『関数のはなし【改訂版】（上）』12ページあたりを見てください．

せん．新しいスターをしゃにむに売り出すときのように，調和がとれていた舞台に強引に割りこんできたような風情さえあります．これが，さっそうと登場した集合論が世の親たちの困惑を招いた原因だったようです．

新しく登場したスターがいつもそうであるように，集合論もその後かずかずの試練に遭遇しました．集合論は数学の文法みたいな性格を持っていて，それが集合論のトレードマークのひとつでもあるのですが，文法を学ばなければ語学が学べないなどという理屈があるものか，赤ん坊は文法など教えなくても言葉を覚えるではないか，という議論にも痛めつけられました．また，教科書の中から集合に関する部分だけをそっくり取り除いても，その他の部分には何の影響もないではないかとあざ笑われたりもしました．

そういわれてみれば，確かにその気配がないとは言いきれません．けれども，ブルバキ*の言葉を借りるなら，今日われわれは，理論的にいえばほとんどすべての現代数学を1つの源泉から導き得ることを知っている，その源泉とは集合論である，というのも事実ですから，頭脳が軟らかい少年期に「集合」の考え方を理解させてしまうのも，また必要なことではありませんか．どうするのがベストなのでしょうか．

---

* Nicolas Bourbaki：1930年代の中頃からフランスの若手数学者のグループが使っているペンネームです．ブルバキの構成員は，仲間どうしの査問会によってメンバーの質を高い水準に保っているとの説もあり，十数名のメンバーで今でも活動を続けているようです．すでに数十冊の本を出版していて，現代数学に大きな影響を与えています．いろいろと物議をかもしているのですが，それに触れている余裕がないのが残念……．

こうして多くの議論と試行錯誤が繰り返された結果，現代化批判の流れのなかで非難を受け，「ゆとりと充実」をキーワードとした 1977 年改訂の学習指導要領によって，小学校の教科書はおろか，中学校の教科書からも「集合・論理」の領域は姿を消しました．

けれども，集合の考え方は重要であるため，中学校の教師用指導書の解説では，用語にこだわらず，必要に応じてその概念を扱っていくとされ，塗り物の下塗りのように，算数全体を塗り上げる基調として取り入れられています．

なお，「ゆとり教育」による学力低下が叫ばれるようになった 2008 年の学習指導要領の改訂によって，中学 1 年生の教科書に「集合」という言葉が再登場するようになり，教師用指導書には，「数の概念を深める」「論理的な思考力を培う上で重要な考え方となる」などの記述がなされています．

では，これから二百ページ余をいただいて，集合論がなぜ他の数学と先天的に相性がいいかを探索していこうと思います．

II 'からっぽ'も実存するか
――集合あれこれ――

「集まれ」か「集まり」か

　日本語を勉強しているアメリカ人に，日本語のどこがむずかしいかと尋ねてみました．きっと，漢字が覚えられないとか，主語・述語・目的語などの配列が英語と異なるところが慣れにくいとかの答が返ってくるだろうと思っていたら，案に相違して彼の答は，日本語には同音異義の言葉が多く，その区別に閉口しているというのです．

　もちろん，英語にも desert* のように，いくつもの意味を持つ単語があるけれど，それらのほとんどはアクセントの位置などで区別がつくのに対して，日本語は，たとえばセイコーが成功なのか製鋼なのか性交なのか，あるいはもっと別のセイコー** なのかどうにも区別がつかなくて難渋しているのだそうです．なるほど，そうい

　＊〔dézət〕荒れはてた，砂漠，〔dizə́ːt〕すてる，逃亡する，〔dizə́ːt〕功罪

われてみれば，私たちはたくさんのセイコーをよく間違いもせずに使い分けているものだと感心してしまいます．

たくさんのセイコーは，アクセントだけでは区別がつかないにしても，文字に書いてみれば明瞭に区別がつきます．けれども，文字に書いてさえ区別がつかない日本語があるから参ってしまいます．たとえば，合理主義という言葉の場合，ふつうにはウエットな態度をきらいクールに割りきっていく生活信条を指しますし，その延長線上ではケチと同意語に使われたりするくらいですが，本来はきちんとした哲学用語であり，思考や実践のよりどころを理性に求め，直観，本能，習慣などをきびしく排除しようとする態度を指してい

**　セイコーを辞書でひいてみてください．成功，製鋼，性交のほかに，精巧，西郊，性向，性行，生硬，政綱，精鋼，精鉱，精工，正鵠，正孔など，言われてみればなるほど，というほどに単語がたくさん現われて驚かされます．

ます.つまり,日常用語としての合理主義と学術用語としての合理主義の間にはかなりの差があるのですが,合理主義と書いただけではその区別がつかないので困ります.

一般に,学術上の新しい概念を表わす用語が,すでに使われている日常用語である場合には,新しい概念がなかなか正確に理解されないという不都合が生じます.たとえば,システムという言葉は,当店は明朗会計システムですとか,マンションは新しい分譲システムで,のように,すでに日常用語として方式,体系,制度などの意味に使われていたので,工学上の新しい概念としてのシステム*が一般の方々にはなかなか正確に理解されないというぐあいに,です.

ところで,私たちの「集合」にもその気配が濃厚なので要注意です.日常用語にも集合という言葉があり,明日の朝6時に東京駅に集合! などと使われていますから,集合といえば「集まれ!」と考えるほうがふつうです.けれども,数学でいう「集合」は「集まれ」ではありません.「集まれ」ではなく「集まり」に近いのですが,しかし,単なる「集まり」でもありません.なんらかの定義によって,集まりの仲間であるか否かが明確に区別できるものの「集まり」です.数学の世界は,まことに潔癖で,いい加減な決め方をすると,とたんにつじつまが合わなくなってしまいますから,日常用語の「集まり」とは格段に異なった厳しさで律していただく必要があります.

英語では集合のことを set というと前にのべましたが,set とい

---

* 工学上のシステムは,多くの要素が互いに関連を持ちながら全体として共通の目的を達成しようとしている集合体を意味します.詳しくは,拙著『システムのはなし』を読んでいただければ幸いです.

う用語は日常的に使われている言葉なので，なかなか数学的な厳しさをもって理解されない，と嘆いていたアメリカの数学の先生がいましたが，国が変っても事情は同じもののようです．

システム，信頼性*，行列** など多くの専門用語は，たまたまそれが日常用語にも使われているという理由で日常的な感覚に足を引っぱられることが多いのですが，その逆に，専門用語のほうが日常会話をリードしていることも少なくないから嬉しくなってしまいます．議論が平・行・線・をたどっていつまでたっても一致しない***，とか，男と女の方・程・式・に解・はない，とか，ほかの言葉を使うより心がよく表わされているではありませんか．

集合の表わしかた 2 題

「集合」は数学の世界の概念です．したがって，数学的な表わし方が約束されていますが，それには 2 とおりがあります．第 1 は，その集合に含まれる要素をぜんぶ書き並べて { } でくくる方法です．たとえば，2014 年 3 月 1 日における横綱の集合を

　　　{白鵬, 日馬富士}

---

* 工学上の信頼性は，「アイテムが与えられた条件の下で，与えられた期間，要求機能を遂行できる能力」のことです．日常用語の信頼性と紛らわしいので，厳密に定義すると違いますが，信頼度ということもあります．

** 『行列とベクトルのはなし』を PR させていただきます．

*** 「平行線をたどる」は，日本語では「決して一致しない」を意味しますが，英語では「方向が気持ちよく一致している」ことだそうですから，要注意です．

Ⅱ 'からっぽ' も実存するか

と書いたり，5以下の自然数の集合を

　　　　{1, 2, 3, 4, 5}

と書いたりする方法です．そして，白鵬，日馬富士はそれぞれ，2014年3月1日における横綱の集合の**要素**であり，この集合の要素の個数は2個である，といいます．

　要素の数が少ないうちは，この表わし方で支障がないのですが，要素の数が多くなるとたいへんです．たとえば，2014年3月1日における幕内力士の集合は

　　　　{白鵬，日馬富士，鶴竜，稀勢の里，……（中略）……，
　　　　　貴ノ岩，鏡桜，里山}

としたいところですが，中略などと書いてしまっては，なにが要素なのか，要素の数はいくつなのかわかりませんから，厳密さをモットーとする数学の世界では，こんなルーズなことは許されません．幕内力士42名全員のしこ名を列記しなければならないのです．こいつは，たいへんです．

　幕内力士の集合くらいなら，たかが42名ですから，その気になれば10分くらいで全員のしこ名を列記することも可能でしょう．けれども，国会議員の集合ともなれば，狭い日本にどうしてこれだけ大勢の国会議員が必要なのかは別としても，700名以上もの全員の氏名を列記することなど考えただけで憂うつな作業です．さらに，自然数の集合になると，なにしろ要素が無限にあるのですから，ぜんぶを列記することは絶対に不可能です．

　そういうときには，その集合の要素だけに共通な性質に注目して
　　　2014年7月1日現在における日本の国会議員の集合
　　　自然数の集合

と宣言すればいいでしょう．これが第2の表わし方です．そして，数学の世界では，これを記号化して

$\{x \mid x \text{は2014年7月1日現在における日本の国会議員}\}$

$\{x \mid x \text{は自然数}\}$

と書く習しになっています．この構成は，つぎのとおりです．

$\{x \mid \underline{x \text{はなんだかんだ}}\}$

　↑　　要素が持つ性質を記述する

　要素を表わす

　まず，全体を囲んだ { } は，それが集合であることの証しです．そして，その要素は x であり，x は「なんだかんだ」という性質によって特徴づけられていることを示しています．つまり，なんだかんだという性質を持った x の集合，というわけです．ずいぶん遠回しな書き方のようにも思えますが，たとえば

$x^2 - x - 2 > 0$ が成立するような x の集合

と書くよりは

$\{x \mid x^2 - x - 2 > 0\}$

と書くほうが，ずっとスマートではありませんか．

集合あれこれ

　白鵬は，横綱集合 {白鵬, 日馬富士} の**要素**です．あるいはまた，元（げん）であるということもあります．そしてこのことを

　　白鵬 ∈ 横綱の集合

と書いて

　　「白鵬は横綱集合の要素である」

II　'からっぽ'も実存するか

「白鵬は横綱集合の元である」

「白鵬は横綱集合に属する」

などと読みます．∈は，enthalten（ふくまれる）というドイツ語の頭文字，あるいは英語で要素を表す element の頭文字に由来しているという説もありますが，定かではありません．

話は変ります．2014 年 3 月 26 日に大関の鶴竜が第 71 代横綱に昇進しました．したがって，それ以降の横綱集合は

　　　{白鵬, 日馬富士, 鶴竜}

になり，それ以前の横綱集合

　　　{白鵬, 日馬富士}

に較べて，厚みを増しました．

ところで，この 2 つの集合を比較検討してみると，後者の要素はすべて前者にも含まれています．つまり，後者は前者の一部にすぎません．失礼して，しこ名を 1 字だけに省略させてもらうと，こういうとき

　　　{白, 日} ⊂ {白, 日, 鶴}

と書いて，{白, 日} は {白, 日, 鶴} に含まれると読みます．もちろん，{白, 日, 鶴} が {白, 日} を含むと読んでもかまいません．⊂という記号は，{白, 日} のほうが {白, 日, 鶴} のほうをぱっくりと呑み込んでいるように見えないこともありませんが，不等号＜のように尻すぼみのほうが小さいのだと覚えておいてください．

いまの例では，{白, 日} の要素はすべて {白, 日, 鶴} に含まれています．このような場合，{白, 日} は {白, 日, 鶴} の**部分集合**であるといいます．同様に，{白, 日} も {日, 鶴} も {白, 日, 鶴} の部分集合であり，{白} も {日} も {鶴} も {白, 日, 鶴}

立場が変れば、見方も変る

の部分集合です．{白}のように要素がたった1つでも集合とはこれいかに……？　と思われるかもしれませんが，あとで要素がゼロ個の集合さえご紹介するくらいですから驚くには当りません．

さらにまた，{白，日，鶴}の要素はすべて{白，日，鶴}に含まれていますから，{白，日，鶴}も{白，日，鶴}の部分集合です．これは私たちの日常感覚にはそぐわない感じもしますが，数学の約束ごととして容認していただかなければなりません．つまり，2つの集合AとBとがある場合

$B \subset A$　か　$B = A$

であれば，いいかえれば

$B \subseteq A$

であれば，BはAの部分集合なのです．ただし，BがAに一致することなく，確実に

$B \subset A$

であるときには，とくに B は A の**真部分集合**であるということになっていますから，私たちの日常感覚もいくらかは満足してくれることでしょう．

なお，B が A の部分集合であるとき，A は B の**拡大集合**と呼ぶことも付記しておきましょう．B が A の部分集合であるというのは A を基準にした見方であり，これだけでは不公平なので，B のほうを基準にした見方も併記しておこうと思うのです．

からっぽの集合

前節では，{白鵬} のように要素の数がたった1つでも集合とはこれいかに……? と首をかしげたのでしたが，数学で使われる集合は，日常用語の「集まり」と同じではありません．ただなんとなく雑然と集まっているのではなく，はっきりした定義によって他のものとは明確に区別されるものの集まりです．そこで，いま2014年3月1日における東の正横綱という性質で要素を選択してみると，その時期にばかりでなく，いつでも東の正横綱は1人しかいませんから，そこには {白鵬} という要素たった1つの集合が定義されることになります．集合がたくさんのものの集まりであるという日常用語的感覚は，この際，捨てていただかなければなりません．

それではつぎに，同じく2014年3月1日における北の正横綱の集合を考えていただきましょうか．どういうわけか，すもうには昔から東と西しかなく，北の正横綱というポストはありませんから，この集合には要素がひとつもありません．つまり，数学的に書くと

{ }

東の正横綱　1人でも「集合」

北の正横綱　0人でも「集合」

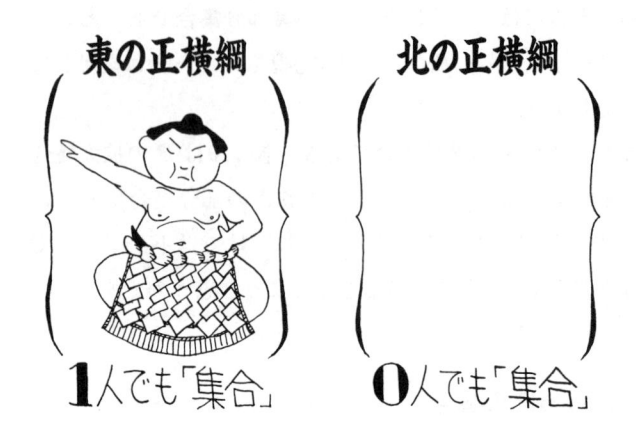

なのです．集合を表わす { } だけがあって，その中に書き込まれる要素がなにもないのですから……．

このように，要素がなにもない集合を**空集合**といいます．中身が空ですから，カラシューゴーと読みたいところですが，湯桶読み*になってはいけないので，クウシューゴーと読んでください．私たちは，要素が1つだけのときでさえ，これでも集合なのかな，と訝ったのですが，どうしてどうして，要素がなにもない集合さえ存在するのです．

くどいようですが，空集合は要素がなにもないのです．ときどき
$$\{0\}$$
が空集合だと思っている方がいますが，とんでもない勘違いです．

---

*　総身などのように熟語の前半を音，後半を訓で読むのを重箱読みということはよく知られていますが，その逆を湯桶読みということは意外に知られていないようです．

{0} の場合は，0という要素が1つだけある場合なのですから．

さて，2014年3月1日における北の正横綱の集合は { } でした．そして，同時期における横綱の集合は{白, 日}でした．それなら，{ } は{白, 日}の部分集合にちがいありません．なぜって，北の正横綱は横綱の一部だからです．

ところで，1で割り切れない自然数の集合も { } です．1で割り切れない自然数など存在しないからです．そうすると，{ } はまた，自然数集合の部分集合でもあることになります．「1で割り切れない自然数」は，形容句を取り除いてみれば「自然数」であることからも明らかなように，自然数の一部なのですから．

同様に……と，つぎつぎに類推してゆくと，空集合はあらゆる集合の部分集合であることが判明します．へんな集合があるものですね．

なお，数学の世界では，空集合をϕで表わすのがふつうです．つまり

$$\{\ \} = \phi$$

です．ϕはfに相当するギリシア文字で，ファイと読んでください．

部分集合はいくつ？

ここでごく平凡なクイズを解くことにします．{白, 日, 鶴} は要素が3つの集合ですが，このように3つの要素から成る集合には，いったい，いくつの部分集合が含まれているでしょうか．

3人の横綱を要素とする集合 {白, 日, 鶴} はイメージが具体的

なところがとりえですが，字画が多いので見やすいとはいえません．そこで，ここでは

　　　　$\{a,\ b,\ c\}$

という集合を使うことにします．そうすると，$a,\ b,\ c$ のうちいくつかを要素とするすべての集合が，この集合の部分集合であることになります．さっそく，すべての部分集合を書き並べていきましょうか．もとの集合とすっかり同じ集合も部分集合であり，また，空集合も部分集合のひとつであることを忘れずに……．

　　　要素が3つ　$\{a,\ b,\ c\}$　　　　　　　　　………… 1個
　　　要素が2つ　$\{a,\ b\},\ \{a,\ c\},\ \{b,\ c\}$　　………… 3個
　　　要素が1つ　$\{a\},\ \{b\},\ \{c\}$　　　　　　………… 3個
　　　要素なし　$\{\ \}$　　　　　　　　　　　………… 1個

というわけで，$\{a,\ b,\ c\}$ には合計8個の部分集合が含まれている……というのが，ごく平凡なクイズのごく平凡な答です．

　実をいうと，要素が3つの集合は

　　　$2^3 = 8$ 個

の部分集合を含み，要素が4つの集合には

　　　$2^4 = 16$ 個

の部分集合が含まれ，一般的にいえば，要素の数が n の集合には

　　　2^n 個

の部分集合が含まれていることがわかっています．一例として要素が3つの集合

　　　$\{a,\ b,\ c\}$

の場合を例にとってみましょう．この集合の部分集合には，a が 'ある' か 'ない' かです．同じように，b も c も 'ある' か 'ない'

Ⅱ 'からっぽ'も実存するか

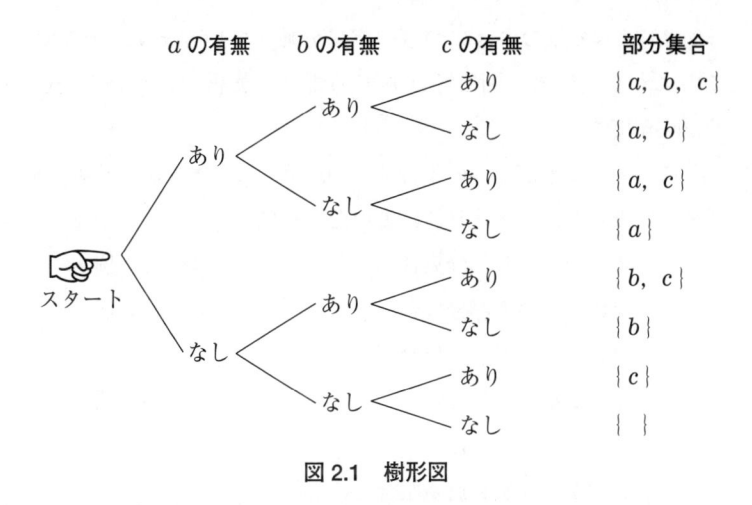

```
a の有無      b の有無      c の有無        部分集合
                         ┌─ あり        {a, b, c}
              ┌─ あり ──┤
              │         └─ なし        {a, b}
    ┌─ あり ─┤
    │         │         ┌─ あり        {a, c}
    │         └─ なし ──┤
    │                   └─ なし        {a}
スタート
    │                   ┌─ あり        {b, c}
    │         ┌─ あり ──┤
    │         │         └─ なし        {b}
    └─ なし ─┤
              │         ┌─ あり        {c}
              └─ なし ──┤
                        └─ なし        { }
```

図 2.1　樹形図

かです．そこに注目して図 2.1 を見てください．まず，a が'ある'か'ない'かによって部分集合は 2 つに分類できます．この 2 つの分類は，b が'ある'か'ない'かによってさらに 2 つずつに分類され，つまり，a と b との有無によって 4 つに分類されます．この 4 つの分類は，つぎに c の有無によって 8 つに分類され，そして，これで終りです．したがって，$\{a, b, c\}$ の部分集合には 8 つの種類があることになります．

さらに，4 つめの要素 d があるとすれば，この 8 つの分類が d の有無によって 16 種類に分かれるし，5 つめの要素 e があれば 32 種類の部分集合ができることは容易に理解できます．つまり，ひとつの要素ごとに部分集合の数は倍々とふえていくのです．だから，要素の数が n の集合には

　　　　2^n 個

の部分集合が含まれるという理屈になります．

図 2.1 は木の枝のようにつぎつぎに分岐していきます．そこで，このような図は樹形図と呼ばれています．英語でいうなら tree-diagram です．

ところで，要素が 3 つの集合 $\{a, b, c\}$ に含まれる部分集合を列挙してみると，2 ページ前に書いたように

要素が 3 つの部分集合	1 個
要素が 2 つの部分集合	3 個
要素が 1 つの部分集合	3 個
要素がない部分集合	1 個

となっていました．これは

3 個から 3 個を選ぶ組合せの数	1
3 個から 2 個を選ぶ組合せの数	3
3 個から 1 個を選ぶ組合せの数	3
3 個から 0 個を選ぶ組合せの数	1

だからです．要素の数が 4 つなら

  1，4，6，4，1

という数字が並び，要素の数が 5 つなら

  1，5，10，10，5，1

というように，左右対称な数字が恰好よく並ぶのですが，詳しいことは他の本にゆずりましょう*．

最後に，いやみなクイズを提供してこの節を終ります．空集合に

---

* n 個から r 個を選ぶ組合せの数を $_nC_r$ と書くと
$$_nC_r = \frac{n!}{r!(n-r)!}$$
です．詳しくは，『確率のはなし【改訂版】』82 ページ，『数のはなし』157 ページなどをどうぞ．

は部分集合がいくつ含まれているでしょうか*.

全体と余りの集合

数ページ前に，B が A の部分集合であるとき，A を B の拡大集合という，と書きました．A を基準にして B に命名すると同時に，B を基準にして A に命名したのでした．

そうすると，{白鵬} から見ると {白鵬, 日馬富士} は拡大集合です．同様に，{白，日} を基準にすると

$\{x \mid x$ は 2014 年 3 月 1 日における幕内力士$\}$

は拡大集合です．さらに，これを基準にすると

$\{x \mid x$ は歴代の幕内力士$\}$

は拡大集合です．さらに，「有史以来の日本人の集合」はその上の拡大集合ですし，「有史以来の人類の集合」はもっと上の拡大集合です．そして，さらに，哺乳類，動物，生物，全宇宙の生物……などと拡大集合を考えていくと際限がありません．

集合の話がでるたびに，いつも際限なく思索しなければならないようでは参ってしまいます．そこで，とりあえず必要な範囲に思索をとどめて，その全範囲を**全体集合**と決めてしまいましょう．たとえば，いまは 2014 年 3 月 1 日における幕内力士についてだけ考える必要があるのであれば，それを全体集合と考え，それ以上のもの

---

* 空集合には要素が 1 つもないのだから部分集合など存在しない，と答えられた方が多いのではないかと，まことに遺憾に存じます．空集合には空集合そのものという部分集合がただ 1 つだけ存在します．もっとも，真部分集合は存在しませんが……．

は無視してしまえばいいし，数には分数やマイナスの値もあるけれど，とりあえずは自然数についてだけ議論をするのであれば，自然数の集合を全体集合とみなしてしまえばいいのです．こうすれば，つぎつぎと際限のない拡大集合にうなされずにすむというものです．

こういうわけですから，ある集合にとって最大の拡大集合は全体集合です．たとえば，自然数の集合を全体集合と約束したとしましょう．そうすると

$\{x \mid x$ は 10 以下の奇数の自然数$\} = \{1, 3, 5, 7, 9\}$

にとって

$\{x \mid x$ は 10 以下の自然数$\}$

$\{x \mid x$ は 20 以下の奇数の自然数$\}$

$\{x \mid x$ は 10,000 以下の自然数$\}$

などなど，無数にたくさんの拡大集合がありますが，最大の集合は

$\{x \mid x =$ 自然数$\}$

です．なにしろ，それ以上の集合は考えないと約束してしまったのですから……．

ある集合と全体集合との関係を図に描いてみると図 2.2 のようになります．長方形で表わされた全体集合の中に集合 A がすっぽりと含まれていて，長方形の中だけが私たちの思考の対象です．もちろん，全体集合を長方形で，ある集合 A を円形で描かなければならないと決っているわけではありませんが，なんとなく，このように描く習慣が

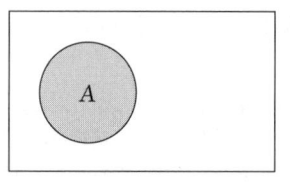

図 2.2　**全体集合の中に集合が**

あります．郷に入っては郷に従え，というくらいですから，私たちも数学の世界の習慣に従っておきましょう．

図 2.2 のように集合の関係を長方形や円で表わした図は**ベン図**と呼ばれます．イギリスの論理学者ジョン・ベン (1834 〜 1923) の名前を拝借したものです．そういえば，前章の図 1.3 や図 1.4 では，全体集合などには気がつかないふりをして，全体集合を表わす長方形の枠なしに，いくつかの円だけで集合の関係を表わしていました．全体集合なんかに悩まなくても話が通じたからです．このように全体集合を表わす長方形がないものを，考案者であるレオンハルト・オイラー (1707 〜 1783) の名をとって，とくに**オイラー図**と呼んでベン図と区別することもあります*．

さて，ある集合 A は全体集合の一部を占めるにすぎません．そうすると，全体集合の中には集合 A を差し引いた残りの部分があるはずです．この残りの部分を集合 A の**補集合**といい

$$\overline{A} \quad \text{または} \quad A^c$$

で表わします．$\overline{A}$ と A^c のどちらを使ってもいいのですが，この本では $\overline{A}$ を使うことにしました**．
集合 A と補集合 $\overline{A}$ の関係を図示すると図 2.3 のようになるでしょう．白抜きの円形が集合 A を表わし，薄ずみを塗った部分がその補集合 $\overline{A}$ であることはもちろんです．

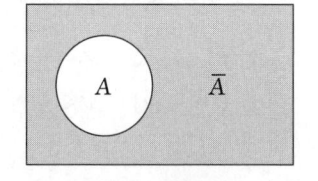

図 2.3 補集合

---

* 実をいうと，ジョン・ベンによる集合の図解はもっと別の意味をもっていたようで，このような図をベン図と呼ぶのは不適当だと主張する学者もいます．詳しくは，付録 1 (233 ページ) に書いておきました．

蛇足かもしれませんが，補集合の具体例をひとつだけ挙げておきましょう．

　　　　全体集合 = {$x \mid x$ は 10 以下の自然数}

　　　　集合 A = {$x \mid x$ は 10 以下の奇数の自然数}

であるとき，集合 A の補集合は……？ それは，もちろん

　　　　$\overline{A}$ = {$x \mid x$ は 10 以下の偶数の自然数}

です．もっと露骨に書けば

　　　　全体集合 = {1, 2, 3, 4, 5, 6, 7, 8, 9, 10}

　　　　集合 A = {1, 3, 5, 7, 9}

であれば

　　　　補集合 $\overline{A}$ = {2, 4, 6, 8, 10}

ということにすぎません．いうなれば

　　　　全体集合 − 集合 A = 補集合 $\overline{A}$

という，ごく自然な筋書きです．

等しい集合と対等な集合

「集合」は，こうるさい条件がいろいろとつくにしても，要するに「集まり」です．ですから，要素の配列や順序がどうであっても，いっこうに差し支えありません．したがって

　　　　{白, 日, 鶴} と {鶴, 日, 白}

とは同じ集合です．序列が異なるから別の集合ではないかと心配す

＊＊　補集合を表す記号として使われる A^c は，A のコンプリメントと読みますが，英語の complement（補って完全にするもの）からきているようです．高校の教科書では，$\overline{A}$ に統一されているので，この本でも，$\overline{A}$ を使いました．

る必要はありません．2つの集合の要素どうしがぴったり同じなら，それらの集合は等しいのです．そして，集合 A と集合 B とが等しいとき

　　　$A = B$

と書きます．

これに対して，2つの集合の要素の数だけが等しいとき，これらの集合は**対等な集合**であるといいます．したがって

　　　{白，日，鶴}　と　{結衣，景子，真央}

とは対等な集合なのですが，ついでに

　　　{ごきぶり，はえ，いもむし}

も対等な集合ですから，お気の毒です．そして集合 A と集合 B とが対等であるときには

　　　$A \sim B$

と書いたりします．

ここで，少々へんなことを考えてみます．要素の個数が等しい集合を対等な集合というのですが，「要素の個数が等しい」とはどういうことかと考えてみるのです．それには，集合 A と集合 B から要素をひとつずつ取り出してペアを作り，さらにひとつずつ取り出してつぎのペアを作り……というように，集合 A と集合 B の要素をひとつずつ対応させていきましょう．こうして，いっぽうの集合の要素がちょうどなくなるとき，他方の集合の要素もぴったりと使い終るなら，「要素の個数が等しい」にちがいありません．

そんなにめんどうなことをせずに，両方の集合の要素をかぞえ，その数が等しいとき「要素の個数が等しい」とみなせばいいではないかと反論されるのですか？

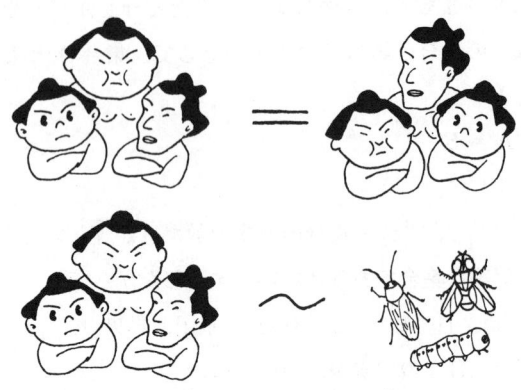

等しい集合と対等な集合

　では，集合 A の要素の個数をかぞえるとは，どういう作業を指しているかを考えてみてください．それは，あらかじめ

　　　$\{1, 2, 3, 4, \cdots\cdots\}$

という自然数の集合を準備し，集合 A の要素と自然数集合の要素とをひとつずつ対応させてゆき，集合 A の最後の要素とペアを組んだ自然数集合の要素を記録するという作業にほかなりません．そのうえ，自然数集合の要素はどこからでも勝手に使っていいというわけではなく，あらかじめ決められた順序で使わなければならないのですから，めんどうな作業です．

　このようにめんどうな作業を2つの集合について実行し，その結果が等しければ「要素の個数が等しい」と判定するのでは，完全に二度手間です．そのくらいなら，集合 A と集合 B の要素を1つずつ対応させて過不足なくペア作りが完了したとき「要素の個数が等しい」と判定するほうが，ずっと気がきいているではありませんか．

このように、1つずつ対応させるという考え方は**一対一の対応**といわれ、第Ⅴ章でもたっぷりと使うことになるのですが、数学の世界には欠かせない重要な考え方です*.

一対一の対応は、数学の世界には欠かせない概念なのですが、日常生活ではいつも効果的とはいえないのが残念です。たとえば、夕食会に招いた客の集合と、客のために準備した食膳の集合とが対等であることを確認するには、1人前ごとの食膳の前に客人を1人ずつすわらせて一対一の対応をつけてゆけばいいはずですが、最後の客人のところで食膳がたりなくなってしまったら、たいへんです。食い物の恨みは恐ろしいそうですから、一生憎まれてしまうかもしれません。

また、一対一の対応をつけたところ食膳がいくつも残ってしまうようでも困ったものです。残った料理は捨ててしまわなければなりません。つまり、一対一の対応を確認したあげくに過不足があることに気がついても、どっちみち、すでに手おくれです。だから、あらかじめ客の数と食膳の数をかぞえて、等しくなるように改善の手を打っておく必要があります。

このように、日常生活では2つの集合について「要素の個数が等しい」か否かを確認すること自体が重要であるのではなく、過不足を修整する行為が重要であることが多いので、ぶっつけ本番で一対一の対応をつけてみることが少ないのでしょう。そして、あらかじめ自然数集合と一対一の対応をつける行為、つまり、「かぞえる」という行為によって要素の個数をあらかじめ承知しなければならな

---

* 一対一の対応については、たとえば、『図形のはなし』92ページ.

ところで，2つの集合の要素に一対一の対応をさせながら要素の過不足を確認する行為を物物交換とみなすなら，要素の個数をかぞえて比較する行為は通貨を媒介とした取引きにたとえられるかもしれません．個数という概念を仲立ちにして要素の大きさを比較するところが，通貨を仲立ちにして価値を決めるところにそっくりだからです．

集合の大きさと濃度

前節で例にあげた3種の集合

　　　{白，日，鶴}
　　　{結衣，景子，真央}
　　　{ごきぶり，はえ，いもむし}

はいずれも要素の個数が3です．このようなとき，これらの**集合の大きさ**は3であるといいます．したがって，大きさが等しい集合どうしが対等な場合である，と言いかえてもいいでしょう．そして，これらの集合は，大きさが3であるという性質を共通に持っているという意味で，同じファミリーに所属すると考えることができます．もちろん

　　　{上着，ズボン，ベスト}
　　　{2, 8, 9}
　　　{太陽，地球，月}
　　　{愛，恋，憎}*

なども，大きさが3ですから同じファミリーの一員です．そこで，

このファミリーに姓を与えることにしましょう．どのような姓を与えてもいいのですが，それをかりにⅢとでもしましょうか．

つぎに，大きさが4の集合を並べます．

{亮子, 尚子, 沙保里, みずき}

{0, 1, 10, 101}

{土星, 天王星, 海王星, 冥王星}

et cetera

これらの集合は，要素の数が4つであるという共通の性質ゆえに，また1つのファミリーを形成しています．そこでこのファミリーにⅣという姓をつけましょう．

こうして，ありとあらゆる集合を対等なものどうしのファミリーに類別し，すべてのファミリーに姓をつけてください．もちろん，ファミリーごとに異なった姓をつけるのです．こうして与えられたファミリーごとの姓を，そのファミリーに属する集合の**濃度**といいます．

そして，異なった濃度の集合があるときには，両方の集合の要素どうしに一対一の対応をさせてみて，要素が余ったほうの集合の濃度が他方の濃度より大きいと判定することにします．私たちの例でいうなら，Ⅲの濃度をもつ集合のひとつ

{結衣, 景子, 真央}

と，Ⅳの濃度をもつ集合の代表

---

* 愛や恋や憎しみは，どこまでの深さを '愛' といい，どういう状態を '恋' や '憎しみ' というかが，はっきりしません．したがって，集合の要素としてはまったく不適当です．ここでは，愛，恋，憎という文字の集合と考えておいてください．

　　　　{亮子, 尚子, 沙保里, みずき}

の要素どうしに一対一の対応をつけてみると，後者の要素が余るから，ⅢよりはⅣのほうが濃度が大きいと判定することになります．

　さてもさても，やっかいなことを考えるものです．{結, 景, 真} の集合は大きさが 3，これに対して {亮, 尚, 沙, み} の集合は大きさが 4，したがって {亮, 尚, 沙, み} のほうが大きいと，すなおに言えばよさそうなものなのに，なぜ，濃度などという新しい概念を導入して，もって回った言い方をしなければならないのでしょうか．それに，濃度という言葉は気体や液体の濃さを表わすために使うのがふつうですから，要素の個数を表わすような使い方は，いかにも奇異な感じではありませんか．

　確かにそのとおりです．けれども，これには深い事情があります．要素の数が有限個の場合には，なるほど集合の大きさと濃度とはほとんど同じことを意味しています．その証拠に，集合の大きさを濃度という，と書いた参考書も少なくないほどです．けれども，集合の要素が無限にある場合は，かなり事情が異なります．そこで節を改めて，その事情をご説明しようと思います．

有限集合と無限集合

　この節では，前節で積み残した「深い事情」をご説明する約束ですが，本論にはいる前に，ちょっと道草を喰わなければなりません．要素の個数が有限個である集合を**有限集合**といいます．要素の個数がいくら大きくても，なん億だろうとなん兆だろうと，有限でありさえすれば有限集合です．したがって，たとえていうなら浜の

真砂の集合も，全宇宙の原子の集合も有限集合です．

これに対して，要素の個数が無限の集合を**無限集合**といいます．全宇宙の原子の集合さえ有限集合なら，私たちの身のまわりに無限集合など存在しないのではないかと心配されるかもしれませんが，心配ご無用です．私たちの身のまわりにも無限集合がいくらでも見つかります．まず

$\{x \mid x$ は自然数$\}$

はどうでしょうか．どんなに大きな自然数を準備したとしても，それに1を加えるともっと大きな自然数ができますし，この作業はいくらでもつづけられますから，自然数は無限にあるし，したがって，自然数の集合は無限集合です．また

$\{x \mid x$ は三角形$\}$

も無限集合です．三角形のひとつの角に注目してみるとそれは0°より大きく180°より小さいのですが，その間には無数の角度が存在するではありませんか．さらに

$\{x \mid x$ は線分PQ上の点$\}$

$\{x \mid x$ は点Pを通る直線$\}$

$\{x \mid x$ は色$\}$

$\{x \mid x$ は周波数$\}$

など，無限集合はいくらでも見つかります．

さて，無限集合では要素の個数が無限にあるのですが，いったい，無限とはなんでしょうか．無限あるいは無限大のことを∞という記号で書き表わすので，無限がひとつの数であると錯覚している方が少なくないのですが，無限は数ではありません．それは，限りなく大きいという状態であると考えるのが当を得ています*．

無限が数ではなく，ある種の状態であるとすれば，ひとくちに無限とはいっても，小さめの無限や大きめの無限や，もっともっと大きな無限などがあるかもしれません．実は，まったく驚いたことに，無限の大きさには無数の段階があるのです．

　ここで話を本論に戻します．私たちは，要素の数が3つのときその集合の大きさは3であるといい，要素が4つなら集合の大きさは4であるというように呼んだのでした．この呼び方でいうなら，無限集合の大きさは「無限」です．けれども，無限に無数の段階があるのですから，ただ無限といったのでは，どの程度の無限かさっぱり区別がつきません．そこで，無限集合の場合にも，要素どうしが過不足なく一対一の対応がつく集合をひとまとめにしてファミリーとし，それに姓をつけてください．この姓が濃度です．そうすれば，その姓を，つまり濃度を指定すればそれがどの程度に大きな無限の要素を持った集合かが区別できるというものです．そして，異なった濃度をもつ2つの無限集合の大小を判定したければ，要素どうしに一対一の対応をつけてみて，要素が余ったほうの無限集合のほうを大きいと判定すればいいはずです．

　こうしてみると，濃度という概念は，集合の大きさを無限集合の世界にも通用するように言葉を変えたものと考えることができそうです．それに，要素がぎっしりとつまった無限集合のほうが要素がまばらな無限集合より濃い感じがしますから，そう気がついてみると，濃度という用語も私たちの日常感覚とよく合致しているではあ

＊　「無限」は数ではなく状態であるという証拠は第V章でもお目にかけますが，『数のはなし』108〜119ページあたりにも書いてあります．

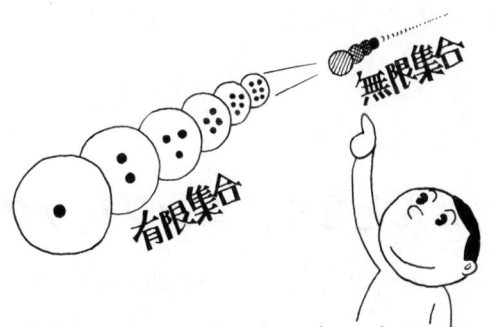

「濃度」は「集合の大きさ」を無限集合にまで拡大するための概念である

りませんか．

「濃度」の意味をご説明しようとして，つい無限の話に足を踏み入れてしまいました．けれども，無限については第Ｖ章でゆっくりと対面することにして，ここではこのあたりで打切りにしようと思います．

この章での基本的なことがら

$a \in A$ 　　a は A の要素である

$B \subset A$ 　　B は A に含まれる

$A = B$ 　　A は B とは等しい

$A \sim B$ 　　A と B とは対等である

III なんとなく，コンプレックス
——集合どうしの，からみあい——

カイから始めよ

お役人が書く文章も，ちかごろでは，ずいぶんと平易になり読みやすくなってきましたが，それでも，役所の中ではまだまだ気どったトーンがまかり通っています．この本のような文章では，格調が低い，とバカにされてしまいそうです．私も役所の中ではやむを得ず，せいいっぱい気どった文章を書いていました．

ある日，「……開発スケジュールと予算制度のふん合をはかりつつ……」と下書きして，20歳になったばかりの青年に清書を頼んだことがありました．ふん合はもちろん「吻合」のつもりだったのですが，でき上った清書では，「……開発スケジュールと予算制度のふれ合をはかりつつ……」になっていたので，私は思わず，ひざを叩いてしまいました．ふん合に較べて，なんと「ふれあい」がしゃれていることか……．

そういえば，近所に住むあるご老人は，「マンネリズム」をてっ

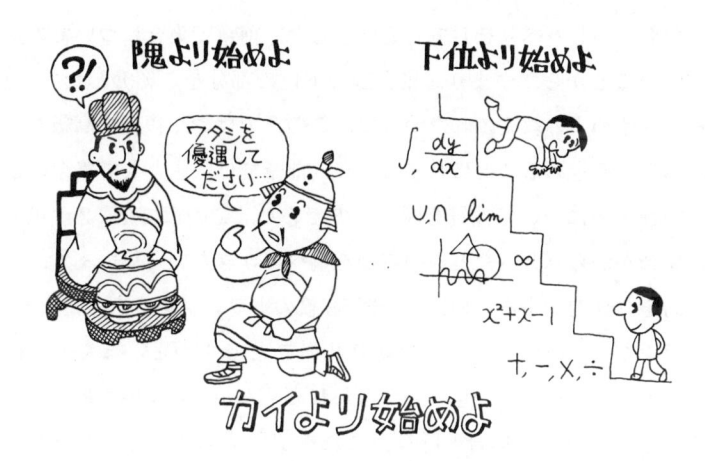

III なんとなく，コンプレックス

きり「マンネンリズム」と信じ込んでいたようですが，「万年リズム」は，いかにも言い得て妙ではありませんか．また，私の娘は幼いころ「文金高島田」を「ぶんちん高島田」と思い込んでいましたが，ずっしりと重そうなところが愉快です．

同じようなことが「隗より始めよ」*にもありそうです．「大きなことを成し遂げるには，まず手近なところから始めなさい」という趣旨であることもあって，これを「下位より始めよ」と思い込んでいる人が少なくないようです．一般的にいえば，単純な作業は複雑な作業より「下位」にあると思われていますから，「下位より始めよ」には，単純で平易なことから始めて，だんだんと複雑で高級な作業に進め，という感じがよく表われているので，「隗より始めよ」よりわかりやすいかもしれません．

---

* 「隗より始めよ」：中国の戦国時代に昭王が人材を集めようとしたとき，郭隗という人が，まず私のような凡人を優遇すれば自然に各地から賢人が集まってくるでしょう，と進言したことに由来することわざ．

余計なおしゃべりをしてしまいました．前章で集合についての基本的なことがら，つまり，集合論の下位の部分をご紹介したので，隗より始めよの教えにしたがって，この章ではやや複雑で高級な領域へ歩みを進めることにしましょう．前章では，主として集合のひとつひとつについて性質を調べたのでした．この章では，2つ以上の集合がからみ合ったときの有様を調べてゆきたいと思います．

　話を具体的にするために，一組 52 枚のトランプ集合を考えます．トランプ(trump)というのは切り札のことですから，ほんとうはカード集合と呼ぶのが正しいかもしれませんが，日本的な俗称にしたがってトランプ集合と呼び，これを T で表わすことにしましょう．これが，しばらくお付き合いいただく私たちの全体集合です．このトランプ集合 T の中には，♡が 13 枚含まれていて，これらが♡集合を作っています．この♡集合を H と書くことにしましょうか．そうすると

$$H \subset T$$

であり，これをベン図に描くと図 3.1 のとおりです．このあたりは，前章のおさらいにすぎません．さて，トランプ集合 T の中には，また◇も 13 枚含まれていて，これらが◇集合を作っていますから，この集合を D と書くことにします．いうまでもなく

$$D \subset T$$

であり，図 3.2 のようなベン図で表わされることは，くどいなあ，という感じです．

　くどくないのは，このつぎです．♡集合 H と◇集合 D とをいっしょにベン図に描き込んでください．きっと図 3.3 のようになるはずです．この図で，♡集合 H を表わす円形と◇集合 D を表わす円

形とは離れて描かれています．別に離れていなくてもいいのですが，少なくとも，2つの円形が重なり合う部分があってはなりません．もしも重なり合っているなら，その共通部分は♡であると同時に◇であるカードの集合を表わしていることになりますが，いかさまではない現実のトランプには，そのようなカードは含まれていないからです．このように，2つの集合が共通部分を持たないとき，これらの集合は**互いに素である**，と気どった言い方をします．

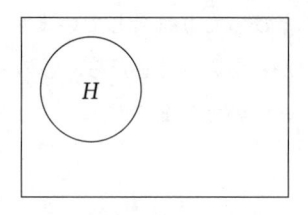

図 3.1　全体集合の中に H がある

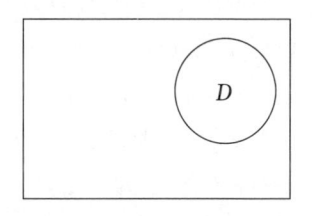

図 3.2　全体集合の中に D もある

つぎへ進みます．トランプ集合 T の中にはキングが4枚含まれていますから，この集合を K と書くことにしましょう．そして，♡集合 H とキング集合 K とをいっしょにベン図に描き込んでいただきます．こんどは，図 3.4 のように，H の円と K の円とが重なり合っていなければなりません．この重なり合った部分は，♡であると同時にキングであるカードの集合を表わしていますが，現実に♡のキングというカードが存在しますから，その事実

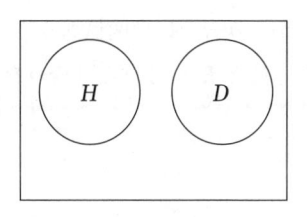

図 3.3　H と D はお互いに素

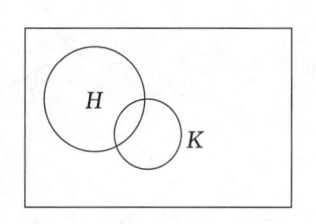

図 3.4　H と K のからみ合い

とぴったり符合しています．かりに H の円と K の円とが離れて描かれているとしたら，♡のキングはこのベン図のどこに位置すればいいのでしょうか．

交わり と 結び

♡集合 H と ◇集合 D のように，2つの集合が共通部分を持たないなら，いいかえれば，互いに素であるなら，それぞれの集合を単独に調べればいいだけですから，前章と同じく「下位」のレベルにすぎません．問題は♡集合 H とキング集合 K のように2つの集合がからみ合った場合です．

H と K とのからみ合いを，図3.5を見ながら観察してください．全体集合を表わす長方形の枠を省略してありますが，H と K とのからみ合いには関係ありませんから，ご心配なく．

H と K には重なり合う部分がありますが，この凸レンズ形の部

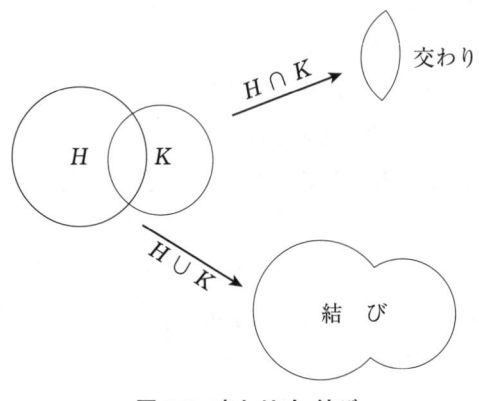

図3.5 交わり と 結び

分を H と K の**共通部分**または**交わり** (meet) と呼び

$$H \cap K \tag{3.1}$$

と書き表わします．トランプ集合の例で具体的にいうなら，♡集合 H とキング集合 K の交わりは，♡であると同時にキングであるカードの集合のことですから，♡のキングたった1枚の集合です．

また，H と K とが作り出すひょうたん形の全体を，H と K の**和集合**または**結び** (join) と呼び

$$H \cup K \tag{3.2}$$

で表わします*．トランプ集合の例でいえば，H と K の結びには♡のカードとキングのカードの合計16枚が含まれています．

一組のトランプには，♡が13枚とキングが4枚あるから，♡とキングでは17枚あるはず……と，お考えの方がいるかもしれませんが，やはり，16枚が正しいから不思議です．そのからくりは図3.6を見ていただくと一目瞭然です．♡は横列に13枚，キングは縦

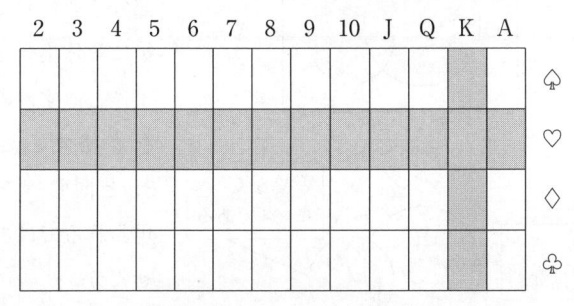

図3.6　♡とキングとで16枚

---

* $A \cap B = \{x \mid x \in A \text{ かつ } x \in B\}$
  $A \cup B = \{x \mid x \in A \text{ または } x \in B\}$
 です．147ページ参照．

列に4枚並んでいて，その交点の1枚が♡のキングです．したがって，13枚と4枚とを加えるということは，♡のキングを横からと縦からと重複してかぞえてしまっていることを意味します．これでは，チョンボです．重複を避けて数えてみれば，確かに16枚しかありません．

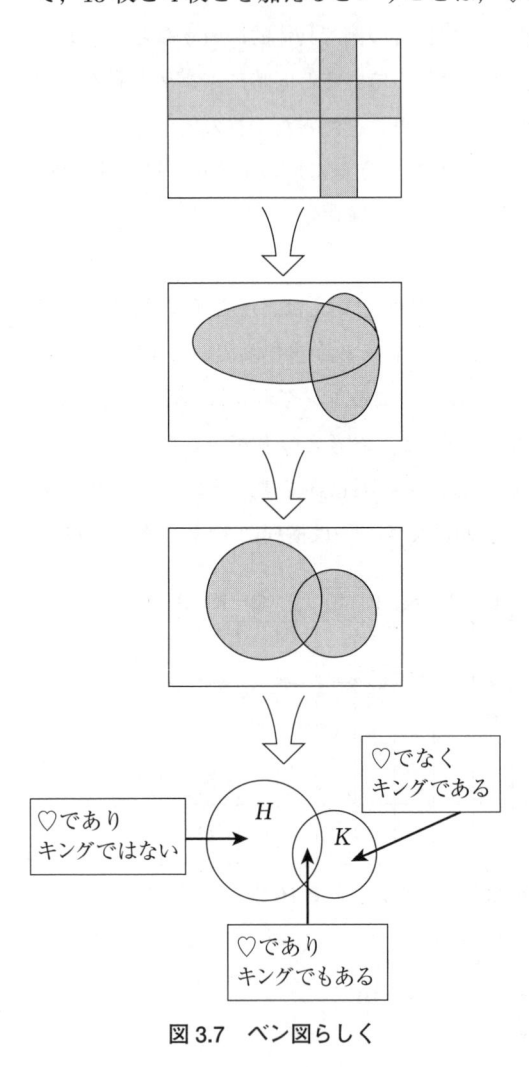

図3.6もベン図の一種です．その証拠として，図3.7のように薄ずみを塗った部分を変形して，最後に全体集合を表わす枠と薄ずみの着色を省略すると，図3.5と同じベン図が現われるではありませんか．ついでに，このベン図を見てください．H集合とK集合との結びを表わすひょうたん形は

図3.7 ベン図らしく

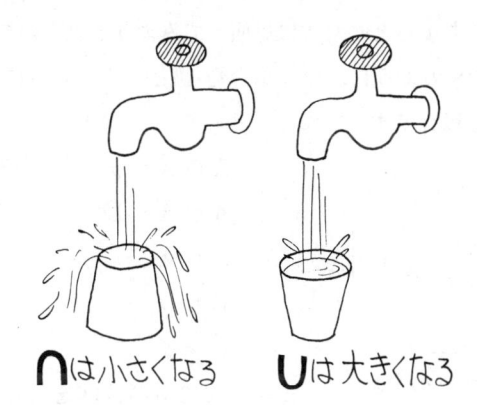

III なんとなく，コンプレックス

∩は小さくなる　**∪は大きくなる**

3つの部分に分割されていて，左からそれぞれ「♡でありキングではないカードの集合」，「♡であると同時にキングであるカードの集合」，「♡ではなくキングであるカードの集合」に相当しています．

ところで，交わり (meet) は $H \cap K$ の∩が帽子を連想させるので **cap** と呼ばれ，いっぽう結び (join) は $H \cup K$ の∪がコップに似ているので **cup** と愛称されています．実際に，$H \cap K$ をエッチ・キャプ・ケー，$H \cup K$ をエッチ・カップ・ケーと読むのがふつうです．

それにしても，∩と∪とは合同な図形なので，どっちがどちらだったか，すぐわからなくなってしまいます．cap と cup は思い出すのですが，どちらが交わりで，どちらが結びだったか混乱してしまうのです．そこで私は上の絵のように，∩は水が貯らないから小さくなるほう，つまり交わり，∪は水が貯るから大きくなるほうで結びを表わす，と覚えることにしています．私と同じ程度にもの忘れがひどい方のご参考までに……．

この節では，集合論らしい2つの記号∩と∪とをご紹介しました．これらと，前の章でご紹介した空集合 ϕ と補集合 $\bar{A}$ などの記

号を使って，ちょっとした式に対面してみようと思うのです．

まずは図3.8のように，全体集合を U とし，その中に集合 A が含まれている場合です．

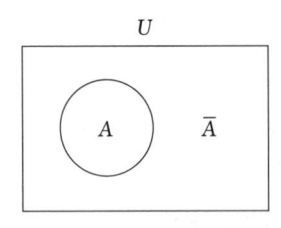

$$A \cap \bar{A} = \phi \quad (3.3)$$
$$A \cup \bar{A} = U \quad (3.4)$$
$$\bar{\bar{A}} = A \quad (3.5)$$
$$\bar{\phi} = U \quad (3.6)$$
$$\bar{U} = \phi \quad (3.7)$$

図3.8 $A \subset U$ のとき

まず，式(3.3)の意味を考えてみてください．$\bar{A}$ は U から A を差し引いた残りですから，$\bar{A}$ と A の間に共通部分は存在しません．したがって，A と $\bar{A}$ の交わりは空集合です．

式(3.4)へ進みます．A と $\bar{A}$ とが合併して作り出す集合は全体集合そのものですから，式(3.4)が成立することは明らかです．

式(3.5)もむずかしくありません．$\bar{A}$ は U から A を取り除いた残りの集合であり，$\bar{\bar{A}}$ は U から $\bar{A}$ を取り除いた残りですから，図3.8から明らかなように，A に戻ってしまいます．

式(3.6)はどうでしょうか．$\bar{\phi}$ は U から ϕ を取り除いた残りですが，そもそも ϕ は「何もない」のですから，ϕ を取り除いても U はそのまま残るはずです．式(3.7)はこの反対です．$\bar{U}$ は U から U を取り除いた残りですから，あとには「何もない」にちがいありません．ついでに，全体集合 U の中に2つの集合 A と B とが含まれていて，A と B との間に共通部分が

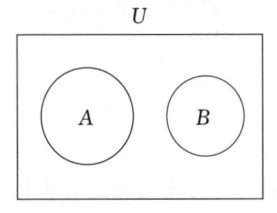

図3.9 $A \cap B = \phi$ のとき

ない場合，つまり

$$A \cap B = \phi \tag{3.8}$$

の場合には

$$B \subseteq \overline{A} \tag{3.9}$$

$$A \subseteq \overline{B} \tag{3.10}$$

であること，つまり，B は $\overline{A}$ の，また A は $\overline{B}$ の部分集合であることを図 3.9 で確かめてみてください．

集合のたし算とかけ算

前の節で，日常の数学では見たこともないような奇妙な式が，とうとう現われてきました．まさに，未知との遭遇です．けれども，これらの式は少しもむずかしくなかったので，安堵の胸をなでおろした方も少なくないでしょう．

ところで，これらの式のうち

$A \cap \overline{A} = \phi$	(3.3)と同じ
$A \cup \overline{A} = U$	(3.4)と同じ
$A \cap B = \phi$	(3.8)と同じ

などを見てください．∩や∪など，見なれない記号が使われてはいますが，式の形だけなら私たちにとって馴染みの深い四則演算[*]

$$a + b = c, \quad a - b = c$$

---

[*] たし算，ひき算，かけ算，わり算をそれぞれ，加法，減法，乗法，除法といいます．そして，この 4 種の演算をひとまとめにして，加減乗除の四則演算と呼びます．また，単に四則演算といえば加減乗除の四則演算を指すのがふつうです．

$$a \times b = c, \quad a \div b = c$$

とそっくりです．いずれも，2つの項を操作することによって1つの項を作り出しています．で，このような操作を**二項演算**と呼んでいます．そして，結論を先に書くと

　　∩　は　×
　　∪　は　＋

とそっくりの性質を持っています．その，そっくりさをごらんいただきましょうか．

まず，ふつうの数の場合，かけ算とたし算には

$$a \times b = b \times a \tag{3.11}$$
$$a + b = b + a \tag{3.12}$$

という性質があり，1項めと2項めを交換しても答は同じなので，これを**交換法則**というのですが，集合どうしの二項演算でも

$$A \cap B = B \cap A \tag{3.13}$$
$$A \cup B = B \cup A \tag{3.14}$$

という交換法則が成立することは明らかです．

くどいようですが，その有様を図3.10に描いておきました．この図を見て，図形の左右が逆になっていても'等しい'といえるのかと疑問に思われる方がいるかもしれませんが，ベン図では図形に含まれる中身だけが問題であって形はどうでもよいのですから，ご懸念にはおよびません．念のために，具体例を挙げれば

　　　{い, ろ, は} ∩ {あ, い, う, え, お} = {い}
　　　{あ, い, う, え, お} ∩ {い, ろ, は} = {い}
　∴　{い, ろ, は} ∩ {あ, い, う, え, お}
　　　= {あ, い, う, え, お} ∩ {い, ろ, は}

というぐあいです.

なお,かけ算やたし算の順序を逆にしても答が同じになることは当りまえすぎて,ことさら交換法則などと名付けるほどのことはないではないか,とお考えの方がおられたら,それはちがいます.その証拠に,ひき算では $a - b$ と $b - a$ とは同じではありません

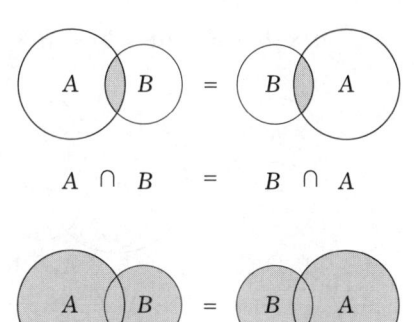

図 3.10 交換法則の証明

し,それに,くつ下をはいてから靴をはくのと,靴をはいてからくつ下をはくのでは大ちがい,勉強してから試験を受けるのと試験を受けてから勉強するのとでは大ちがいですから,順序が変っても結果が変らないのは,むしろ特殊な場合と考えるのがほんとうです.

つぎへ進みます.かけ算とたし算には,また

$$a \times (b \times c) = (a \times b) \times c \tag{3.15}$$
$$a + (b + c) = (a + b) + c \tag{3.16}$$

という性質があり,結合の順序を入れ代えても答は同じというわけで,これを**結合法則**といいますが,集合どうしの演算でも

$$A \cap (B \cap C) = (A \cap B) \cap C \tag{3.17}$$
$$A \cup (B \cup C) = (A \cup B) \cup C \tag{3.18}$$

が成立するから愉快です.こんどは,図 3.11 によって,各人の目で確かめ,合点しておいてください.

好評につき続演,と勝手に決めて前進します.数どうしの演算では

$$a \times (b + c) = (a \times b) + (a \times c) \tag{3.19}$$

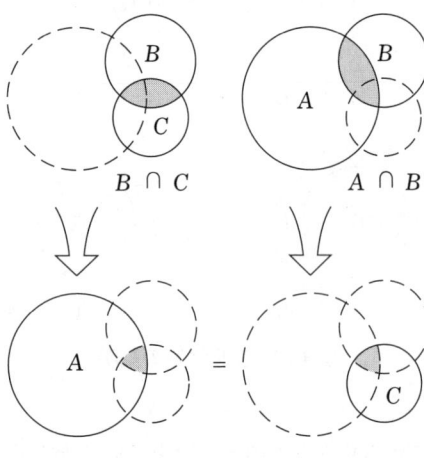

であることは、ご承知のとおりです。これを、「乗法の加法に対する**分配法則**」と呼んでいます。乗法はかけ算、加法はたし算のことですから、かけ算する a が、たし算で結ばれた b と c とに分配されているというわけでしょう。ところが、ますます愉快なことに、集合どうしの演算でも、まったく同じように

$$A \cap (B \cup C)$$
$$= (A \cap B) \cup (A \cap C) \tag{3.20}$$

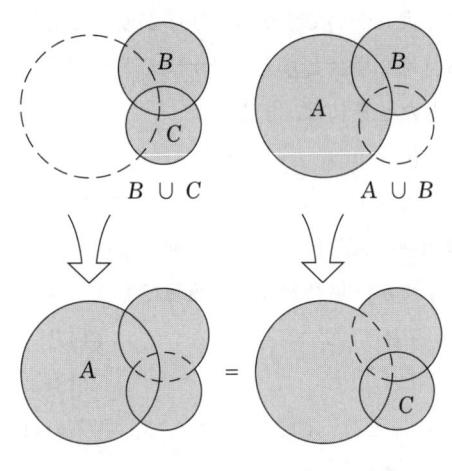

が成立します。その証拠は、図 3.12 です。もう、∩ が × に ∪ が + に相当する演算であることに疑念をさしはさむ余地はないでしょう。

つぎには、驚くような事実をご紹介できるの

図 3.11 結合法則の証明

Ⅲ なんとなく，コンプレックス

$A \cap (B \cup C)$ = $(A \cap B) \cup (A \cap C)$

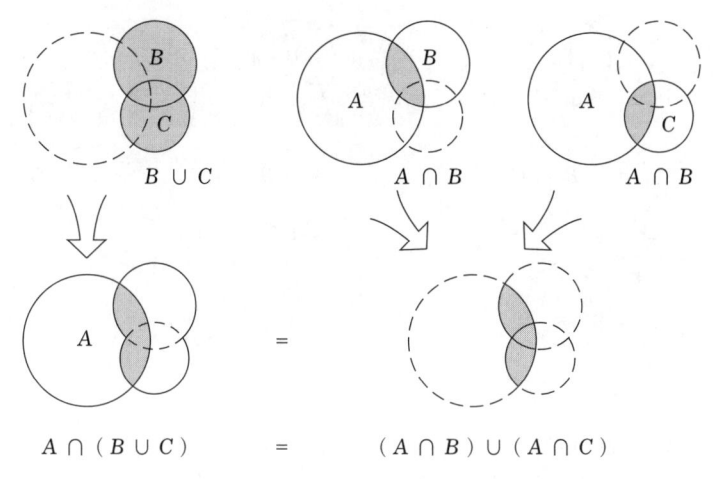

図 3.12 ∩の∪に対する分配法則の証明

で，嬉しくなってしまいます．つぎの式を見てください．

$$a + (b \times c) = (a + b) \times (a + c) \tag{3.21}$$

ふつうの数学でこのようなことをやったら，オー・ミステークです．「加法の乗法に対する**分配法則**」と呼べそうな式ですが，数どうしの演算では，このような法則は成立しません．

$$1 + (2 \times 3) = (1 + 2) \times (1 + 3)$$

などとやろうものなら，げんこつです．ところが，集合どうしの演算では，常に

$$A \cup (B \cap C) = (A \cup B) \cap (A \cup C) \tag{3.22}$$

が成り立つから，ごきげんです．証明は，図 3.13 のとおりです．

この節にはいろいろな演算法則が現われたので，少々ごちゃごちゃしてきました．このあたりで，数どうしの演算法則と集合どうしの演算法則とを一覧表にしてみましょう．表 3.1 がそれです．見

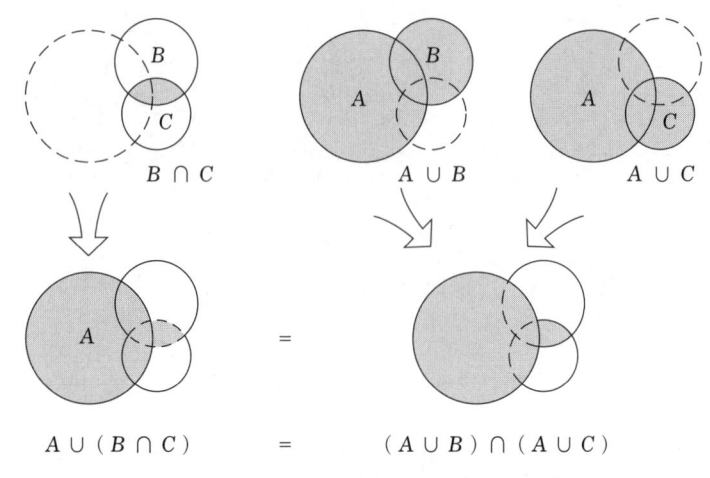

図 3.13 ∪の∩に対する分配法則の証明

表 3.1 集合の世界と数の世界の演算法則

			集合の世界	数の世界
交換法則	乗	法	$A \cap B = B \cap A$	$a \times b = b \times a$
	加	法	$A \cup B = B \cup A$	$a + b = b + a$
結合法則	乗	法	$A \cap (B \cap C)$ $= (A \cap B) \cap C$	$a \times (b \times c)$ $= (a \times b) \times c$
	加	法	$A \cup (B \cup C)$ $= (A \cup B) \cup C$	$a + (b + c)$ $= (a + b) + c$
分配法則	乗法の加法 に対する		$A \cap (B \cup C)$ $= (A \cap B) \cup (A \cap C)$	$a \times (b + c)$ $= (a \times b) + (a \times c)$
	加法の乗法 に対する		$A \cup (B \cap C)$ $= (A \cup B) \cap (A \cup C)$	成立しない

てください．数の世界と集合の世界の演算は，とてもよく似ています．そして，どちらかといえば，数の世界よりも集合の世界のほうが整然とした秩序が保たれています．数どうしでは成立しない「加法の乗法に対する分配法則」さえ，集合の世界では成立するのですから．

∩は積，∪は和であることの傍証

前の節では

　　　∩は×，　∪は＋

とそっくりの性質を持っていると書き，その証拠として∩や∪を使った集合どうしの演算では，×や＋を使った数どうしの演算と同じように，いや，それ以上に，交換，結合，分配の各法則が成立すると主張したのでした．しかし，鋭い方はこの主張が完全なものではないことを見破られたかもしれません．なぜかというと，∩と∪とを反対にして

　　　∪は×，　∩は＋

に相当するとみなしても，まったく同じように交換，結合，分配の各法則が成立するからです．それに55ページにイラストを描いたように

　　　∩は小さくなるほう
　　　∪は大きくなるほう

に相当しますし，数の世界では一般にかけ算のほうがたし算より大きくなるのがふつうですから，前節の主張とは逆に

　　　∪は×，　∩は＋

に相当すると考えるほうが正しいのではないでしょうか.

この疑問に応えるために，∩と∪の性質をさらに調べてみます.一般に，どんなものでもきびしい環境に遭遇したときに本質が人目にさらされます．人間は苦境に立ったときに真価が発揮されるし,物質は低温や高温に遭遇したときに性質があらわになるようです．そこで，∩や∪の場合にも，集合の両極限，つまり，空集合 ϕ と全体集合 U とを試験台に使ってみることにします.

まず，∩からはじめます．図 3.14 からも明らかなように

$$A \cap \phi = \phi \qquad (3.23)$$
$$A \cap U = A \qquad (3.24)$$

です．ところで，ϕ はからっぽの集合ですから数でいえば 0 に相当するにちがいありません．そして，数の世界では 1 に満額の意味を持たせることが多いから，U は 1 に相当すると仮定してみます*．こう考えてみると，集合についての演算式(3.23)と(3.24)とは，数についての演算

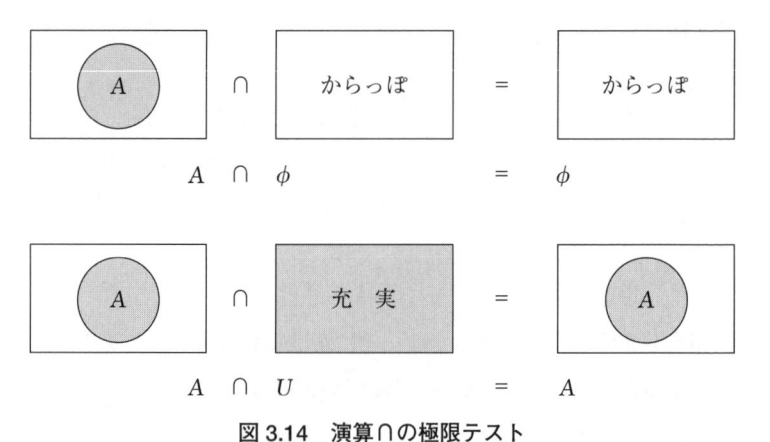

図 3.14 演算∩の極限テスト

$a \times 0 = 0$

$a \times 1 = a$

とぴったんこ，です．やっぱり，∩は×に相当するにちがいありません．かりに，∩が+に相当するとみなすなら

$a + 0 = 0, \quad a + 1 = a$

となってしまい，きてれつで具合がよくありません．

いっぽう，∪のほうにも同じ実験をしてみると，

$$A \cup \phi = A \tag{3.25}$$

$$A \cup U = U \tag{3.26}$$

であることが，図3.15によって明らかです．これらの式を，ϕは0，Uは1，∪は+に相当するとみなして，数についての演算にひきうつせば

$$a + 0 = 0 \tag{3.27}$$

$$a + 1 = 1 \tag{3.28}$$

となるのですが，式(3.27)にはまったく文句がないにしても，式(3.28)のほうは奇妙です．けれども，前にも書いたように，1には満額の意味を持たせてUの代りに使っているのですから，満額にaを加えてもやはり満額なのだと考えれば，式(3.28)も納得がいきます．こういう次第ですから，やっぱり∪は+に相当するにちがいないのです．かりに，∪が×に相当するとみなすなら

＊ 「まったく，ない」から「完全に，ある」までの状態を数字で表わすには，「まったく，ない」を0，「完全に，ある」を1と決めて，その中間の状態を0～1の間の値で表わすのが便利です．たとえば，まったく起らないことの確率は0，完全に起ることの確率は1と決め，起ったり起らなかったりすることの確率は0～1の間の値で表わすなどがその好例です．

[図: A ∪ からっぽ = A]

$A \cup \phi = A$

[図: A ∪ 充実 = 充実]

$A \cup U = U$

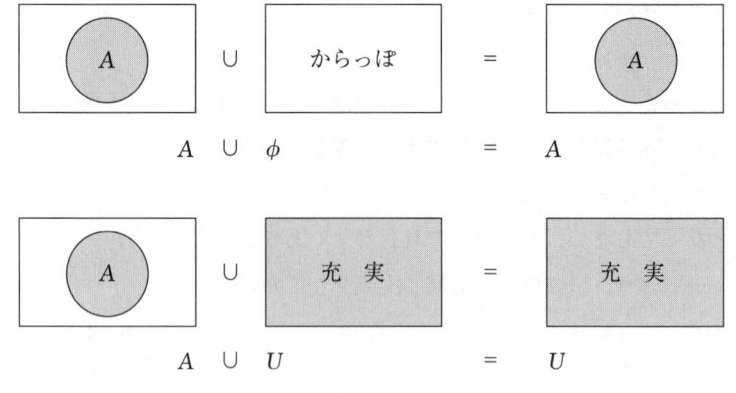

図 3.15 演算∪の極限テスト

$$a \times 0 = a, \quad a \times 1 = 1$$

となって,とても容認できるものではありません.

こうして,∩は×に,∪は+に相当する演算であることの確証を得たのですが,この過程で私たちは全体集合 U を 1 に対応させてきたことを思い出していただきましょうか.そうすると,全体集合に含まれる集合 A も集合 B も 1 より小さい数に対応しているはずです.したがって,コンマ以下の数字どうしのかけ算の答はますます小さくなり,たし算の答が大きくなるように

 $A \cap B$ は小さくなる

 $A \cup B$ は大きくなる

のは,まことに自然ではありませんか.

ド・モルガンの法則

集合どうしの演算について,私たちは

III なんとなく，コンプレックス

∩, ∪, ‾

という3種の記号を会得しました．ところが，この3種の記号どうしの間に奇妙な三角関係が存在します．それは

$$\overline{A \cap B} = \overline{A} \cup \overline{B} \tag{3.29}$$

$$\overline{A \cup B} = \overline{A} \cap \overline{B} \tag{3.30}$$

つまり，AとBにまとめて‾を付ける場合と，AとBとのそれぞれに‾を付ける場合とでは，∩と∪とが逆転するというわけです．この両式の関係は**ド・モルガンの法則***と呼ばれています．

図3.16の上半分に式(3.29)を証明してあります．図の意味を吟味していただければ，なるほどと合点できるにちがいありません．図の下半分には式(3.30)を証明するための図を描いてありますが，こんどは意地悪なことに薄ずみを塗ってありません．各人で塗り絵を楽しんでいただこうという魂胆です．どうぞ，カラフルに着色してください．

ところで，ド・モルガンの法則は，式で表わせば式(3.29)と式(3.30)のとおりであり，式の形だけでも楽しいのですが，現実の具体例に応用してみると，たとえば，つぎのようなぐあいになります．全生徒の集合Uのうち

　　A：英語に合格した生徒の集合
　　B：数学に合格した生徒の集合

---

* Augustus de Morgan(1806 〜 1871)．ド・モルガンの法則には
　$A - (B \cap C) = (A - B) \cup (A - C)$
　$A - (B \cup C) = (A - B) \cap (A - C)$
　という形のもあります(79ページ)．また，論理の世界にも同じ形で現われてきます(167ページ)．

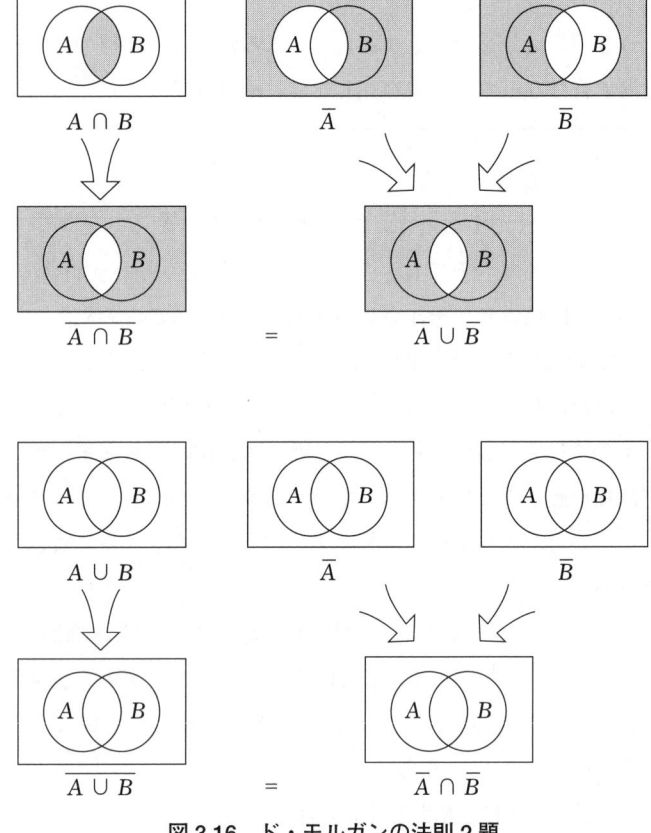

図3.16 ド・モルガンの法則2題

としましょう．そして，言葉を短くするために「……した生徒の集合」を省略して先へ進みます．

$A \cap B$ は，英語と数学の両方に合格

ですから

$\overline{A \cap B}$ は，「英語と数学の両方に合格」以外の生徒

III なんとなく，コンプレックス

を表わします．「英語と数学の両方には合格しなかった生徒」と言うほうが日本語の表現としてはふつうかもしれません．いっぽう

$\bar{A}$ は，英語に落第

$\bar{B}$ は，数学に落第

ですから

$\bar{A} \cup \bar{B}$ は，英語または数学に落第

を表わしています．これは，「英語と数学の両方または片方に落第」と言うほうが間違いがないかもしれません．そして，ド・モルガンの精神によれば「英語と数学の両方には合格せず」と「英語または数学に落第」とが等しいというのです．まことにもっともな話です．

さらに，もうひとつのド・モルガンの精神は

$\overline{A \cup B}$：「英語か数学に合格」以外の生徒

と

$\bar{A} \cap \bar{B}$：英語に落第し，また，数学にも落第

とが等しいというのですから，これもまことにもっともで，異存などあろうはずがありません．

ド・モルガンの法則は2つの集合ばかりではなく，たくさんの集合の間でも成立します．たとえば

$$\overline{A \cap B \cap C \cap D} = \bar{A} \cup \bar{B} \cup \bar{C} \cup \bar{D} \tag{3.31}$$

$$\overline{A \cup B \cup C \cup D} = \bar{A} \cap \bar{B} \cap \bar{C} \cap \bar{D} \tag{3.32}$$

のようにです．これを具体例に適用してみるなら

A：英語に合格

B：数学に合格

C：理科に合格

D：社会に合格

の場合

$$\overline{A \cap B \cap C \cap D} \text{ は,「全科目には合格せず」}$$

いいかえれば

「どの科目かは不合格」

ですし，いっぽう

$$\overline{A} \cup \overline{B} \cup \overline{C} \cup \overline{D} \text{ は,英語で落第か,数学で落第か,}$$

理科で落第か，社会で落第

ですから，この両者が同じ内容を語っていることは，ド・モルガン先生に教えてもらうまでもなく，確かな現実です．

こうしてみると，ド・モルガンの法則は式に書き表わすと広遠な真理のように見えますが，現実問題に応用してみれば当り前のことにすぎないと思えるかもしれません．本来，数学は当り前のことばかりを説く学問ですから，それはそれでいいのですが，しかし，ド・モルガン先生に代って言わせてもらうなら，この法則は論理の世界でもうひと味ちがった活躍をしてくれますから，それを楽しみにお待ちください．

それにしても，言霊の幸ふ国でありながら，日本語には不透明な部分が少なくありません．「英語または数学に落第」という場合,「英語と数学の両方に落第」を含むのか含まないのかあいまいですし,「英語と数学の両方には合格せず」と「英語と数学の両方に合格せず」では，たった一文字の差なのに決定的に意味がちがいます．どうも紛らわしくていけません．こういうとき，∩と∪と ̄の関係をきっちりと使い分けながら考え，そして表現したいものです．

Ⅲ なんとなく，コンプレックス

たまには式の運算を

ド・モルガンの法則では，∩と∪と ̄とが三つどもえにからみ合っていました．そして，その三つどもえのからみ合いが成立することを図 3.16 によって証明したうえで，さらに現実的な具体例でも確認したのでした．そこで，この節では趣向を変えて集合の式を運算してみようと思います．式の運算はどうしても無味乾燥で楽しくないし，それに，∩と∪は形が似ていることもあって目がちらつくので，集合の式の運算は神経によくないのですが，大学の入試などではこの手の運算が要求されることもありますから，やむを得ず不愉快な作業に挑戦する覚悟を決めた次第です．もちろん，不愉快さに耐えきれない方は，この節をパスされてもかまいません．

さて，不愉快な作業は

$$(\overline{E} \cup \overline{F}) \cap (E \cup F) = (E \cap \overline{F}) \cup (\overline{E} \cap F) \qquad (3.33)$$

を式の運算によって証明することです．この式は，どことなくド・モルガンの法則に似ていますが，それにしても，どこから手を付けたらいいのでしょうか．ヒントは 62 ページに一覧表になっている集合の演算法則です．

まず，左辺を

$$(\overline{E} \cup \overline{F}) \cap (E \cup F) = A \cap (E \cup F)$$

とでも書き直してみてください．つまり，$\overline{E} \cup \overline{F}$ をひとかたまりにして A とおいたのです．こうすると，乗法の加法に対する分配法則が適用できます．すなわち

$$A \cap (E \cup F) = (A \cap E) \cup (A \cap F) \qquad (3.20) もどき$$

です．ここで，A は $\overline{E} \cup \overline{F}$ であったことを思い出して代入し，つ

いでに交換法則によって順序を入れ換えると，問題の式の左辺は

$$(\bar{E} \cup \bar{F}) \cap (E \cup F)$$
$$= \{(\bar{E} \cup \bar{F}) \cap E\} \cup \{(\bar{E} \cup \bar{F}) \cap F\}$$
$$= \{E \cap (\bar{E} \cup \bar{F})\} \cup \{F \cap (\bar{E} \cup \bar{F})\}$$

となってゆきます．そこで，もういちど，∩の∪に対する分配法則を使うと

$$= \{(E \cap \bar{E}) \cup (E \cap \bar{F})\} \cup \{(F \cap \bar{E}) \cup (F \cap \bar{F})\}$$

となるのですが，ここで

$$E \cap \bar{E} = \phi, \quad F \cap \bar{F} = \phi \qquad (3.3)もどき$$

に気がつくと

$$= \{\phi \cup (E \cap \bar{F})\} \cup \{(F \cap \bar{E}) \cup \phi\}$$

が得られます．さらに

$$\phi \cup A = A \qquad (3.25)と同じ$$

でしたから，この関係を利用すると，とうとう

$$= (E \cap \bar{F}) \cup (F \cap \bar{E})$$

となり，これは問題の式(3.33)の右辺とまったく同じです．こうして，式(3.33)の証明は終りました．

　これで，式(3.33)の証明としては百点なのですが，式の運算だけでは実感が湧かないという方は，ド・モルガンの法則をベン図で証明したときのまねをして，ベン図を描いて納得していただくよう，おすすめします．

∩は積，∪は和であるけれど

　この章では，∩は×に相当し，∪は+に相当する演算記号である

III なんとなく，コンプレックス

と，しつこいくらい書いてきました．「相当する」とわざわざ断わるくらいですから，それは「同じ」であることを意味してはいません．この節では，そこのところをいっそう明確にしておきたいと思います．

まず，かけ算のほうです．数の世界のかけ算は，たとえば，$a \times b$ は a を b 回だけ加え合わせた大きさとか，縦の長さが a，横の長さが b であるような長方形の面積が $a \times b$，というように理解されています．これに対して集合の∩のほうは，2つの集合の共通部分という意味ですから，数の世界のかけ算とは，まったく意味がちがいます．ですから，∩の演算の形式上，×に相当する働きをしているだけであって，∩と×とが同じであるとは，だれも思いません．

けれども，たし算のほうは，かなり紛らわしく，うっかりすると間違ってしまいそうです．数どうしの演算＋は文字どうり両者をたし合わせる演算です．これに対して集合どうしの演算∪は，＋とよく似てはいますが，けれども異なるところもあります．たとえば

$A = \{$い，ろ，は$\}$

$B = \{$あ，い，う，え，お$\}$

であるとしましょう．A の要素は3個，B の要素は5個です．この場合，ふつうのたし算の感覚でいうなら，A と B のたし算は，両方の要素を形式的に連記して

$A + B = \{$い，ろ，は，あ，い，う，え，お$\}$

となりそうなものです．したがって，要素の数は8個でなければなりません．

ところが，「集合」では要素の中に同じものが含まれていてはいけないのです．そういうことが許されるなら，たとえば，「3以下

の自然数の集合」という場合

　　　{1, 2, 3}

のほかに，{1, 1, 2, 3} とか {1, 1, 1, 2, 2, 3, 3} とか，無数の種類が存在することになり，収拾がつかないではありませんか．したがって，たとえば

　　　{あ, い, い}

という集合は，ちょっと見には要素が3個の集合のようですが，実は

　　　{あ, い}

という要素が2個の集合なのです．

　したがって，$A =$ {い, ろ, は} と $B =$ {あ, い, う, え, お} とをたし合わせたものは

　　　{い, ろ, は, あ, い, う, え, お}

ではなく

　　　{い, ろ, は, あ, う, え, お}

という集合であり，要素の個数は8個ではなく7個です．これは明らかに

　　　$A \cup B$

です．ただし……．

　A と B とが共通の要素を持たないとき，すなわち

　　　$A \cap B = \phi$

のとき，A と B とが互いに素であるということは，この章の頭のあたりに書いたとおりですが，A と B とが互いに素であるときに限って

　　　$A \cup B$　と　$A + B$

とはまったく同じ意味を持ちます．そして，この場合の$A \cup B$をとくにAとBの**直和**といい，直和であることを強調するために

$$A + B$$

と書き表わします．AとBとが互いに素であるときに限って，$A \cup B$はAの要素とBの要素を直にばっちりと加え合わせた集合だからです．たとえば

$A = \{$い，ろ，は$\}$

$C = \{$に，ほ，へ$\}$

なら，$A \cap C = \phi$ですから

$A \cup C = A + C = \{$い，ろ，は，に，ほ，へ$\}$

というわけです．

こういうわけですから，集合のたし算が日常感覚でのたし算と一致するのは直和の場合だけ，と承知しておいてください．それにもかかわらず，$A \cup B$はAとBの**和集合**と呼ばれているわけですから，注意を要します．そして，和集合に対して$A \cap B$のほうを**積集合**と呼ぶことも付記しておきましょう．つまり

$A \cap B$を交わり，共通部分，積集合

$A \cup B$を結び，合併，和集合

などと呼ぶのです*．

---

* 直和が存在したように，直積も存在します．直和が集合の要素をもろに加え合わせたように，直積では要素どうしをもろに掛け合わせます．詳しくは235ページの付録2に紹介しておきました．

和集合では要素の個数に注意

集合 A と集合 B とを加え合わせるとき，A と B とが互いに素であるために両方の集合の結びが直和になるなら，$A \cup B$ の要素の個数は A の要素の個数と B の要素の個数の合計です．いま，

A の要素の個数　　　　を　$N(A)$

$A \cup B$ の要素の個数　　を　$N(A \cup B)$

などと書くことにすると，A と B とが互いに素なら

$$N(A \cup B) = N(A) + N(B) \tag{3.34}$$

です．けれども，A と B とが互いに素でなければ，こうはいきません．式(3.34)のままでは，$A \cap B$ の部分の要素をダブル・カウントしてしまいますから

$$N(A \cup B) = N(A) + N(B) - N(A \cap B) \tag{3.35}$$

としなければならないのです．式(3.34)が成り立つのは

$A \cap B = \phi$

∴ $N(A \cap B) = 0$

という特別な場合にすぎないのです．

そういえば，53ページあたりで一組のトランプを全体集合と考え，♡集合 H とキング集合 K とを題材にして

$H \cup K$

について説明したとき，一組のトランプには♡が13枚とキングが4枚あるから，♡とキングでは17枚あるはず……と考えるのは間違いで，実は16枚しかない，と書いてあったのを思い出していただけるかもしれません．いまにして思えば

$$N(H \cup K) = N(H) + N(K) - N(H \cap K)$$

であり

$N(H) = 13$ 枚

$N(K) = 4$ 枚

$N(H \cap K) = 1$ 枚（♡のキング）

でしたから

$N(H \cup K) = 13 + 4 - 1 = 16$ 枚

だったことに気がつくのです．

集合のひき算

前節では，2つの集合の要素をもろに加え合わせた直和を

$A + B$

と書いてきました．そこで，+で結ばれる集合があるなら，−で結ばれる集合もあるにちがいないと多くの方が期待されることでしょう．図 3.17 を見てください．薄ずみを塗った部分が期待どうりの

$A - B$

です．すなわち，Aには属し，Bには属さない要素から成る集合をAとBの**差集合**というのです*．たとえば

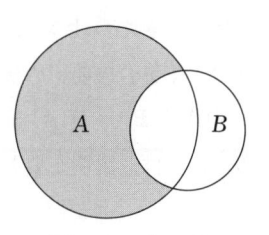

$A = \{$い，ろ，は$\}$

図 3.17 $A - B$

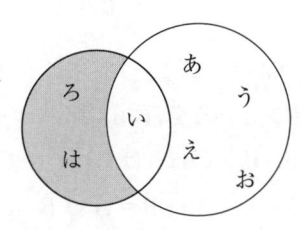

図 3.18 $A - B = \{$ろ，は$\}$

---

* $A - B = \{x \mid x \in A$ かつ $x \notin B\}$

$B = \{$あ, い, う, え, お$\}$

なら

$A - B = \{$ろ, は$\}$

となります(図 3.18).

また，もし集合 B が集合 A に含まれているなら，つまり

$A \supset B$

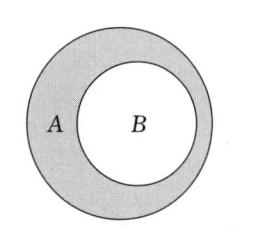

図 3.19 A に関する B の補集合

であると，A と B との差集合は図 3.19 のようになってしまいます．こういうときには，A と B との差集合のことを A に関する B の**補集合**といいます．いままで補集合と呼んできた $\bar{B}$ などは，正確にいうと全体集合 U に関する B の補集合なのですが，この場合にはいちいち「U に関する」と断らなくてもわかりますから，ただ補集合と呼んできたわけです．

なお，差集合の要素の個数が

$$N(A - B) = N(A) - N(A \cap B) \tag{3.36}$$

であることは，説明を要しないでしょう．

再び，ド・モルガンの法則

66 ページに，ド・モルガンの法則をご紹介しました．ド・モルガンという発言の口調がいいので，名前だけはすぐに覚えるのですが，法則のほうは忘れてしまったかもしれません．

$\overline{A \cap B} = \bar{A} \cup \bar{B}$ 　　　　　　(3.29)と同じ

$\overline{A \cup B} = \bar{A} \cap \bar{B}$ 　　　　　　(3.30)と同じ

がそれで，A と B とをまとめて否定する場合と別々に否定する場

合とでは∩と∪が逆転する,という法則でした.

さて,ド・モルガン先生は,また,つぎのような法則も発見しています.

$$A - (B \cap C) = (A - B) \cup (A - C) \tag{3.37}$$

$$A - (B \cup C) = (A - B) \cap (A - C) \tag{3.38}$$

こんどは,差集合が混っているところに特徴がありますが,A から B と C を引くに際して,まとめて引く場合と別々に引く場合とでは∩と∪が逆転するところは,前記のド・モルガンの法則とそっくりです.そこで,式(3.37)と式(3.38)も,**ド・モルガンの法則**と呼ばれます.

例によって,ド・モルガンの法則の式(3.37)をベン図によって証明したのが図3.20です.式(3.38)のほうは,すっかり省略してしま

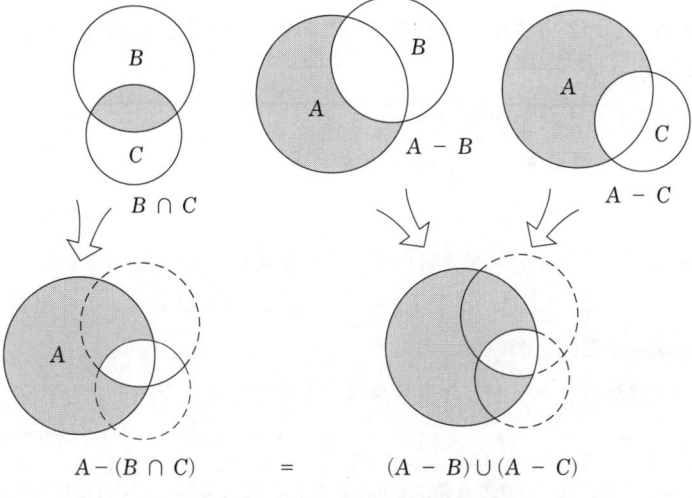

図3.20 ド・モルガンの法則1題

いました．もういちど塗り絵でもあるまいと思ったからです．それでも気になる方は各人でデッサンし，色を塗ってください．

ところで，この節では集合の演算を表わすたくさんの式に遭遇しました．すでにお気づきの方があるかもしれませんが，これらの式には共通した性質があります．それは，集合についてある式が成立すれば，その式で使われている∩を∪に，∪を∩に入れ換えた式もまた成立するという性質です．たとえば

$$\overline{A \cap B} = \overline{A} \cup \overline{B} \quad \text{(3.29)と同じ}$$

が成立すると同時に

$$\overline{A \cup B} = \overline{A} \cap \overline{B} \quad \text{(3.30)と同じ}$$

もまた成立する，というようにです．前ページの式(3.37)と式(3.38)の関係もそうですし，62ページの演算法則一覧表を見ていただいても，∩と∪とが入れ換わった式が2つずつ対になって並んでいるのがわかります．集合演算のこのような性質は**双対性***と呼ばれています．

こういうわけですから，たとえば

$$(\overline{E} \cup \overline{F}) \cap (E \cup F) = (E \cap \overline{F}) \cup (\overline{E} \cap F)$$

(3.33)と同じ

が成立することが証明されれば，この法則によって

$$(\overline{E} \cap \overline{F}) \cup (E \cap F) = (E \cup \overline{F}) \cap (\overline{E} \cup F) \quad (3.39)$$

も成立するにちがいないのです．

下位からスタートした集合論は，上位とは言えないまでも中位ぐ

---

* 双対性は，論理の世界にも通用しますので，170ページで再び対面する運びとなります．

らいまでには前進したようです．このあたりで章を改めて，さらに上位を目ざして進むことにいたしましょう．

> **この章での基本的なことがら**
> $A \cap B$　　　　　A と B の共通部分，交わり
> $A \cup B$　　　　　A と B の和集合，結び
> 集合の演算法則　　表 3.1 のとおり（62 ページ）

IV 存在より秩序が決め手
―― 演算と構造 ――

演算とは対応の約束ごと

　地獄の沙汰も金しだい，と言います．西欧にも Money is the key that opens all doors ということわざがあるくらいですから，金があればなんでもできるというのがこの世の実感なのかもしれません．それにつけても，「金は天下のまわりものだ！　ただ，いつもこっちを避けてまわるのが気にくわん」というツルゲーネフの所見に私もまったく同感です．

　ほんとうをいえば，この世は金勘定だけで動くわけではありません．愛とか健康とか，金よりもっと貴重なものがあるなどと，きざなことを言いたいのではなく，金勘定よりもっと複雑な計算もまた浮世の世渡りには必要，と申し上げたいのです．

　たしかに金の威力が大きいのは事実です．しかし，金の計算はたいしてむずかしくはありません．しょせん，加減乗除の四則演算で間に合います．ところが，「とかく浮世は計算ずくさ」のほうの計

算は，金勘定ばかりを言っているわけではなく，人間関係の愛憎や義理人情などを含めた打算を指しているので，その計算は単純な四則演算などでは手におえません．たとえば，「情けは人のためならず」*とか「積善の家に余慶あり」とか恰好いいことをいうけれど，その裏には

　　　（人に情けをかける）→（いい報いがある）

　　　（善いことをしておく）→（子孫にまでいいことがある）

という計算が働いているとみるのを，いちがいに偏見とばかりいえないふしもありますし，また

　　　（ゴマをすっておく）→（面倒をみてもらう）

　　　（支払いは会社もち）→（うまいものを食べる）

というたぐいの智恵にたけた奴を「勘定高い奴」といってまゆをひそめますが，勘定は計算のことですから，ここにも四則演算の手には負えない計算が行なわれているとみなければなりません．

　さて，こうしてみると「計算」は四則演算ばかりではなく，一般的にいうと

　　　（　　　）→（　　　）

という形で対応させる操作を総称していることがわかります．そう思ってみると，私たちにとって馴染みの深いたし算は

　　　2 + 6 = 8

　　　10 + 3 = 13

というスタイルをしていますが，これは，左辺の2つの値と右辺の

---

* 「情けは人のためならず」は，他人に情けを与えればめぐりめぐって自分にいい報いがあるということを言うのですが，情けをかけるのは人のためにならない，と誤解している人が多いとのこと……．情けないことです．

(人に情をかける) → (いい報いがある)
これも「計算」なのだ!!

1つの値とを

$(2, 6) \rightarrow (8)$

$(10, 3) \rightarrow (13)$

というように対応させる操作とみなすことができそうです．同様に，ひき算，かけ算，わり算は，それぞれ

$(8, 4) \rightarrow (4)$

$(8, 4) \rightarrow (32)$

$(8, 4) \rightarrow (2)$

のように対応させる操作とみなすのが自然ですし，ついでに

$A \cap \bar{A} = \phi$　　　　　　　　　　　(3.3)と同じ

というように，∩で結ばれた場合には

$(A, \bar{A}) \rightarrow \phi$

のように対応させる操作を，また

$A \cup \bar{A} = U$　　　　　　　　　　　(3.4)と同じ

というように，∪で結ばれた場合には

$$(A, \bar{A}) \to U$$

のように対応させる操作を，計算とか演算とか称しているにちがいありません．そして，58ページに書いたように，これらの場合のように左辺の2つの値と右辺の1つの値とを対応させる操作を**二項演算**と名付けているのです．

ただし，これらの操作はやみくもに左辺と右辺とを対応させているわけではなく，それぞれ一定の約束に従って対応が行なわれていなくてはなりません．その場合，どうせ人間どうしの約束ですから，どのように約束を取り決めてもかまわないのです．けれども，約束は誰にとっても煩わしいものですから，実生活にまったく役立たないような約束には誰も参加してはくれません．したがって，人間の精神活動や実生活にとって有用な約束だけが，約束として万人に認められることになります．たとえば

$$(2, 6) \to 8, \quad (10, 3) \to 13 \quad \text{etc.}$$

という対応の約束は，「2個と6個とをいっしょにすると8個」というように実生活の現象とぴったり合致しているので，この対応の約束は加法として万人に認知され

$$2 + 6 = 8, \quad 10 + 3 = 13$$

という書き方まで万国共通に統一されています．これに対して

$$(1, 1) \to (1), \quad (1, 2) \to (1), \quad (2, 3) \to (1)$$

というような約束を提案してみても，あまり利用価値はなさそうですから，きっと誰からも相手にされないにちがいありません．

ジャンケンも演算のうち

　二項演算のもっとも代表的な例は，加減乗除の4種で，日常生活にも不可欠なほどポピュラーです．そのため，＋，－，×，÷という演算記号さえ，世界中でほぼ統一されているくらいです[*]．このほかにも，実生活の中ではいろいろな二項演算が使われています．たとえば，ソチ五輪で話題になったスノーボードのハーフパイプは，各選手が2回ずつ演技をして，高いほうの得点をその選手の得点とするのですが，2つの値のうち大きいほうを採用するという演算を Ⓐ で表わすなら，選手の得点は

　　　90.75 Ⓐ 93.50 = 93.50
　　　94.75 Ⓐ 92.25 = 94.75

などの二項演算によって算出されることになります．

　また，ジャンケン[**]も二項演算の典型的な一例でしょう．2つのうちから「勝ち」を選ぶ操作を 勝 と書けば

　　　✊ 勝 ✌ = ✊
　　　🖐 勝 ✊ = 🖐

　　　　　et cetera

というように対応するのですから………．

---

[*] ヨーロッパでは，わり算の記号として÷ではなく／や：を使っている国が少なくありません．『方程式のはなし【改訂版】』90ページでその理由に触れています．

[**] ジャンケンは日本独得の知恵であり，その三すくみの思想は日本人の人生観や世界観に大きな影響をもたらしているのではないかといわれています．中国やイタリアにもケン遊びはありますが，三すくみにはなっていません．

IV 存在より秩序が決め手

ところで，ジャンケンの演算では2行ばかり実例を書いて，あとは et cetera としてしまいました．けれども，演算は対応の約束ごとですから，et cetera では困ります．すべての対応が明確に約束されていなければなりません．そこで，この約束ごとのすべてを一覧表にしたのが表 4.1 です．このような表は**演算表**と呼ばれます．

表 4.1 ジャンケンの演算表

(あいこは勝負がつくまでやり直し)

私たちは，演算といえば加減乗除とか微分や積分のような数学的な計算ばかりを思い浮かべるのがふつうです．けれども，この節で述べたように，演算の概念をもっと広い意味に理解していただかなければなりません．集合どうしの演算——これを略して，**集合算**といいます——も，ふつうの数学の演算からはみ出していましたし，さらに論理の世界では言葉で表わされる命題*どうしの演算が活発に行なわれるのですから……．

なお，左辺の2つの項と右辺の1つの項を対応させる演算が二項演算と呼ばれることはすでに述べたとおりですが，演算はもちろん二項演算ばかりではありません．たとえば，数ページ前に引用した

（ゴマをすっておく）→（面倒をみてもらう）

などは，左の1項と右の1項とを対応させていますし，微分という演算でも

---

* 「太陽は東から昇る」とか「原辰徳は女である」のように，真偽がはっきり判定できるような判断を命題といいます．詳しくは 140 ページまで，お待ちください．

$$x^n \to nx^{n-1}, \quad \sin x \to \cos x$$

のように左辺と右辺の 1 項ずつが対応しています．さらに，不定積分という演算では

$$\sin x \to \cos x + C, \quad e^x \to e^x + C$$

のように左辺の 1 項が右辺の 2 項と対応するし，また

$$1 + 2 + 3 + \cdots\cdots + n = \frac{n^2}{2} + \frac{n}{2} \tag{4.1}$$

は，左辺の n 項と右辺の 2 項とが対応しています．けれども，このくらいで驚いてはいけません．

$$\left. \begin{array}{l} 1 + r + r^2 + r^3 + \cdots\cdots = \dfrac{1}{1-r} \\[4pt] \quad \text{ただし，}-1 < r < 1 \end{array} \right\} \tag{4.2}$$

のように，左辺の項の数が無数という場合さえあるのですから……*．このように，二項演算以外にもたくさんのスタイルがありますが，しかし，たくさんのスタイルがありすぎるので，いちいち名前をつけるわけにもいかないとみえて，用語として通用しているのは二項演算だけです．

閉じている……

前節まで 7 ページも使って，演算ということをくどくどと解説してきました．なぜ，「演算」にこれほどこだわったのかというと，まあ，あせらずに聞いてください．

---

* 式(4.2)の左辺は，無限等比級数です．この和が $1/(1-r)$ になることについては，『数のはなし』74 ページをごらんください．

Ⅳ 存在より秩序が決め手

いま，ここに

A = {イ，ロ，ハ}

という単純な集合があるとします．要素はたった3つ，イ，ロ，ハだけですが，なまいきなことに，その要素どうしに二項演算の約束ごとが決められています．それは＊という演算で，この演算の意味は，たとえばイとロに＊を施すとイとロ以外の要素，つまりハになるというように約束します．すなわち

イ＊ロ＝ハ

というぐあいです．また，イとイにこの演算を施したときには，ロとするのもハとするのも不公平なので

イ＊イ＝イ

と約束しましょう．これらの約束ごとを演算表にまとめると表4.2のとおりです．

さて，この演算表をよく見てください．集合Aの要素どうしに＊という演算を施した結果は，いぜんとして集合Aの要素です．こういうとき，集合Aは演算＊について**閉じている**といわれます．「閉じている」という用語にも馴染みがないし，感じがつかみにくいかもしれませんが，要するに，集合Aという閉鎖社会の中だけで＊という演算がいつでも必ず実行できることを意味しています．

これに対して，＊の演算表が，かりに表4.3のようであったらどうでしょうか．こんどは

イ＊ロ＝ニ

表4.2 イロハの演算表

第1項＼第2項	イ	ロ	ハ
イ	イ	ハ	ロ
ロ	ハ	ロ	イ
ハ	ロ	イ	ハ

表 4.3 不愉快な演算表

第1項＼第2項	イ	ロ	ハ
イ	イ	ニ	ホ
ロ	ニ	ロ	ヘ
ハ	ホ	ヘ	ハ

のように，集合 A，つまり $\{イ, ロ, ハ\}$ の要素どうしに演算 × を施すと，突如として集合 A には含まれない要素が出現してしまうことがあります．したがって，集合 A という閉鎖社会の中だけで × という演算がいつもできるとは限らないのです．こういうとき，集合 A は演算 × について**閉じていない**といわれます．

数の集合は，加減乗除について閉じているか

前節では，閉じているとかいないとか，気になる言葉に出会ってしまいました．そこで，身近な具体例として，数の世界に目を転じてみましょう．自然数集合は，ご承知のように

$$\{1, 2, 3, 4, \cdots\cdots\}$$

と数限りなく続く無限集合ですが，この要素どうしで + という演算を実行しても，出てくる答はまた自然数集合の要素です．すなわち，自然数集合は加法について閉じています．同様に，自然数どうしをかけ算しても，答はまた自然数ですから，自然数集合は乗法についても閉じていることがわかります．

これに対して，ひき算の場合には

$$8 - 3 = 5$$

のように，演算の結果が自然数になることもありますが，その反面

IV 存在より秩序が決め手

$3 - 8 = -5$

のように自然数ではないものが現われたりもするから困ります．したがって，自然数だけではひき算がいつもできるとは限りません．いうなれば，自然数集合は減法について閉じていないのです．

同じように，自然数集合は除法についても閉じていません．たとえば

$5 ÷ 2 = 2.5$

がその証拠です．たったひとつの証拠ですが，たったひとつでも明らかな証拠があれば，判決にちゅうちょはいりません．

それでは，自然数集合にマイナスの自然数と0とを加えた整数集合，すなわち

$\{……, -3, -2, -1, 0, 1, 2, 3, ……\}$

の場合にはどうかと気になります．まず，自然数集合と同じように，加法と乗法については閉じています．整数どうしを加え合わせたりかけ合わせたりすると，プラスの値になったりマイナスの値になったりはしますが，しょせんは整数の域を出ないからです．また，自然数集合は減法については閉じていませんでしたが，整数集合は減法についても閉じています．なにしろ，こんどはマイナスになってもかまわないのですから．

しかしながら，除法については整数集合のお家の事情も自然数集合の場合と同じです．いぜんとして

$5 ÷ 2 = 2.5$

のような演算には耐えられませんから，整数集合も除法については閉じていないのです．

それでは……と，こちらも意地になってきました．整数と分数と

をいっしょにした有理数集合なら，四則演算のすべてについて閉じているでしょうか．こんどは，だいじょうぶです．除法についても，ちゃんと閉じています．なにしろ，有理数集合の要素は，h と k とを整数とすると，すべて

$$\frac{h}{k}$$

で表わされます．h が k で割り切れるときには整数になるし，割り切れないときには分数になりますが，いずれにしろ，h と k を適当に選べば有理数集合の要素のすべてを表わせることは確実です．そこで，有理数集合の2つの要素を

$$\frac{h_1}{k_1}, \quad \frac{h_2}{k_2}$$

としましょう．もちろん，h_1, h_2, k_1, k_2 は，いずれも整数です．そして，この2つの要素を使って割り算を実行してみると

$$\frac{h_1}{k_1} \div \frac{h_2}{k_2} = \frac{h_1 k_2}{h_1 k_2} \tag{4.3}$$

となりますが，なにしろ整数どうしの積は整数ですから，この式の右辺は整数を整数で割ったものであり，つまり h/k の形をしています．これは有理数に相違ありません．したがって，有理数集合は除法についても閉じていると断言できます．

124ページでもまた触れる予定ですが，数には分数でさえ表わせない数があります．分数は小数に直すと，有限小数か循環する無限小数になるのですが，無限の彼方まで循環することのない無限小数でしか表わせない数があるのです．これは無理数と呼ばれ，いかにもムリな数のようですが，しかし，$\sqrt{2}$, π, e など日常生活の中

IV 存在より秩序が決め手

でさえ活躍している重要な数が無理数の一族なのですから,無視するわけにはいきません.そこで,有理数に無理数を加えたものを実数といいます*.すなわち

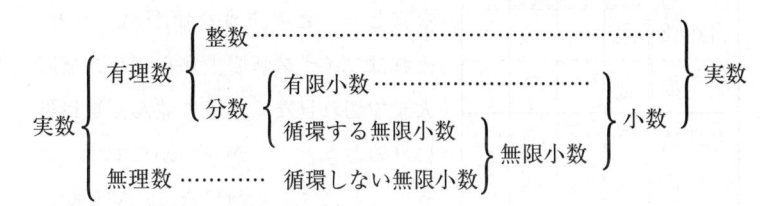

$$\text{実数}\begin{cases}\text{有理数}\begin{cases}\text{整数}\cdots\cdots\cdots\cdots\cdots\cdots\cdots\cdots\cdots\cdots\cdots\cdots\cdots\cdots\cdots\cdots\\ \text{分数}\begin{cases}\text{有限小数}\cdots\cdots\cdots\cdots\cdots\cdots\cdots\\ \text{循環する無限小数}\end{cases}\text{無限小数}\end{cases}\text{小数}\\ \text{無理数}\cdots\cdots\text{循環しない無限小数}\end{cases}\text{実数}$$

という構成になっていると理解していただけばいいでしょう.

もちろん,整数は分母が1である分数であり,それはコンマ以下がない有限小数であるとみなすなら,高校の教科書などによくあるように

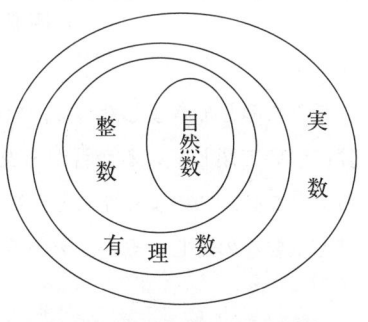

図 4.1 数の集合の包含関係

$$\text{実数}\begin{cases}\text{有理数}\begin{cases}\text{有限小数(整数を含む)}\cdots\text{有限小数}\\ \text{循環する無限小数}\end{cases}\text{無限小数}\\ \text{無理数}\cdots\cdots\text{循環しない無限小数}\end{cases}\text{実数}$$

としても差し支えありません**.

さて,実数はマイナス無限大からプラス無限大まで切れ目なく連続して並んだ数のすべてです.したがって,実数集合に属する2つ

---

* 有理数,無理数などについては117ページでも触れますが,『数のはなし』の第VI章にもやや詳しく書いてあります.

表 4.4 閉じていれば○

演算＼集合	加法	減法	乗法	除法
自然数	○	×	○	×
整数	○	○	○	×
有理数	○	○	○	○
実数	○	○	○	○

の要素どうしで加減乗除のどの演算を実施しても，出てくる値は実数集合の要素以外のなにものでもありません．なにしろ，どのような値が出ようと，それはマイナス無限大からプラス無限大まで切れ目なく連続に並んだ数以外に身のおきどころがないからです．こういうわけで，実数集合は加減乗除の四則演算のすべてについて閉じていま す．

ごみごみしてきましたので，いろいろな数の集合が加減乗除の演算について閉じているか否かを表 4.4 に整理しておきました．ところで，なぜ，このようなことが数ページも費やさなければならないほど重要なのでしょうか．その答は，つぎの節以下にひそんでいます．

集合は構造がいのち

「集合」は，なんらかの定義によって集まりの仲間であるか否かが明確に区別できるものの集まりである，となんべんも書いてきました．そして，その例として

** 数(すう)には，実数のほかに虚数があるのですが，虚数は 2 乗するとマイナスの値になるという奇妙な数ですから，ここでは省略しました．詳しくは，『数のはなし』126 ページ，『関数のはなし【改訂版】（下）』177 ページなどを参照してください．

1 年 A 組の生徒の集合

{結衣, 景子, 真央}

{$x \mid x$ は歴代の幕内力士}

などを挙げてきました．このての例は参考書などでもよく見かけますし，イメージが具体的ですから「集合」の概念を理解するための一助となることは確かでしょう．けれども，ほんとうをいうと，集合の真髄に迫りたいと思うなら，このような例に頼って集合のイメージを作るのは決して上等なやり方とはいえないのです．なぜかというと……．

　ここに，釣竿，リール，釣糸，おもり，うき，釣針などの釣道具がばらばらのまま寄せ集められていると思ってください．これらは，釣道具の部品であるという明確な性質によって集められていますから，ひとつの集合を形成しています．そして，釣竿や釣針がこの集合に属していて，潜水艦や田中マー君がこの集合に属していないことなども明らかですから，集合のイメージもはっきりしています．

　このような集合の存在を意識し，定義することは，それはそれで有用かもしれません．少なくとも，釣に出かける前に現物と集合の要素に一対一の対応をつけてみることによって忘れ物を防止することぐらいには役に立ちそうです．

　けれども，もっと重要なことを忘れてはいませんか．釣道具では，釣竿の先端に釣針がくくりつけられ，そこから釣糸が垂れて，その先にうきがつけてあっても，てんで役に立たないのです．どうしても，リールに巻かれた釣糸は釣竿の先端を経て繰り出され，その先にうき，おもり，釣針の順に配列されていなければなりませ

ん．つまり，この場合には，要素が明確で集合がきちんと定義されること自体にはそれほど価値があるわけではなく，それよりは，要素どうしが作り出す秩序のほうがあるかに重要な意味を持っています．

　もうひとつ，例を挙げましょうか．いま

　　　　{ソ，ニ，ハ，ラ，リ，ル，ン}

という7文字の集合を約束してみます．どうせ人間どうしの約束ですから，どのように約束しようと勝手で，その約束が好意をもって受け入れられるか否かは別として，少なくとも文句をいわれる筋合はありません．それに要素が極めて明確に定義されていますから，あいまいなところはまったくなく，集合として完全無欠です．けれども，ただ漫然とこれらの7文字が集まって「集合」の看板をかかげたところで，どのような価値があるというのでしょうか．

　ここで，この7文字の形をよく観察してください．「文字が2つの部分に分離されていて，しかも，それぞれの部分はひとふで書きができる」のは，片かな46文字のうち，この7文字だけです．つまり，この集合の要素は上記の性質によって他の文字とはっきり区別され，ひとつの集合を形成しています．そして，この性質は図形を識別するうえでたいせつな特徴のひとつであり[*]，文字を機械に読みとらせるときに重要な手掛りとなります．

　したがって，私たちの集合の要素が「文字が2つの部分に……中略……ひとふで書きできる」という性質で他と区別されていることには重要な価値があります．きっと，ひとふで書きできない片かな

---

　*　図形の性質を点や線のつながり方に注目して解明しようという学問をトポロジーといいます．詳しくは，『図形のはなし』をどうぞ．

IV 存在より秩序が決め手

要素を集めれば とにかく集合である

けれど重要なのは 要素間の相互関係
つまり構造である

の集合とか，2つの部分に分離されている片かなの集合などとの交わりや結びにも，図形的には興味ある特徴が見出されるにちがいありません．いうなれば，7文字の要素で約束したくだんの集合の価値は，「片かな集合」という名の全体集合の中で，兄弟ぶんの集合たちとからみ合いながら作り出している秩序の中に見出される．といえるでしょう．

さらに，{ソ，ニ，ハ，ラ，リ，ル，ン}という集合を，日本語を作り出すための文字の集合として見るなら，2つの要素の配列のうち単独で役に立つのは

ソラ，ソリ，ソン，ニラ，ハハ，ハラ，ハリ，ハル，ハン，ラン，リラ，リン，ルリ

だけであるとか，なん文字かを連ねる場合でも「ン」で始まる配列

は役に立たないとか，この集合の要素だけでは
　　　　　春はランラン　そりはリンリン　……
みたいな歌詞はできるけど，じゅうぶんな意見交換はできない，というような性質に気がつきますが，釣道具集合の場合ほどの秩序は見出せません．

　釣道具集合と7文字の集合と，例はたった2つにすぎませんが，けれども集合の価値についていくつかのヒントを得たように思います．すなわち……．

　集合は，要素が明確であることが最低の必要条件ではありますが，要素が明確で集合がきちんと定義されること自体に価値があるわけではありません．それよりは，全体集合の中における部分集合どうしの相対関係や秩序，それから，集合の中の要素どうしの相対関係や秩序に大きな価値があるのがふつうです．相対関係や秩序をひっくるめて**構造**と呼ぶなら，集合の生命はその構造の中にある，ということができるでしょう．

　それはちょうど，自動車は多くの部品の集まりですが，部品が過不足なく揃っているとしてもただ漫然と集まっているだけではなんの価値もなく，自動車としての生命は部品どうしの厳密な秩序，つまり構造によって生み出されるのと，よく似ています．

　さて，振り出しへ戻ります．私たちが使ってきたいくつかの集合
　　　　1年A組の生徒の集合
　　　{結衣，景子，真央}
　　　{$x \mid x$ は歴代の幕内力士}
では，集合の要素を明確にして集合をきちんと定義してみせることだけが目的でした．決して，これらの集合の構造に関心があったわ

けではありませんし，また，調べたいほどの構造があるわけでもありません．だから，集合の真髄に迫るための例としては不適当であったと，深く反省しているのです．

構造の設計図は演算のルール

私たちが題材として使ってきた集合のなかに，自然数集合がありました．自然数集合は，1，2，3，……と無限に続く要素で作られていますが，要素が明確で紛らわしくないことや，要素の個数が無限大であることに価値があるわけではありません．自然数集合の生命はその構造にあります．すなわち……．

自然数集合では，1に1を加えると2，2に1を加えると3，3に1を加えると4というように，つぎつぎに1を加える操作ですべての要素が秩序づけられています．この秩序が「かぞえる」という行為*の絶好な指標となっていることは41ページで述べたとおりです．

また，自然数集合は加法と乗法について閉じていますし，2つの要素のうち大きいほうを採るという二項演算などについても閉じています．さらに，加法と乗法については交換法則や結合法則（62ページ）が成立しますし，乗法の加法に対する分配法則も成立します．自然数集合は，これだけしっかりした構造を持っているので，日常生活の中でなくてはならない集合と認知されています．

けれども，自然数集合は残念ながら減法や除法については閉じて

---

* 「かぞえる」行為の延長線上に「測る」行為があります．したがって，自然数集合は「測る」という行為のスタートラインでもあります．詳しくは，『数のはなし』7ページをどうぞ．

いないし，2つの要素の算術平均を採るというような二項演算についても閉じていませんから，日常生活の中でさえ自然数集合だけでは用がたりないことがあります．そこで，減法や除法についても閉じている集合，つまり有理数集合が登場するのですが，それは自然数集合にとっての拡大集合です．

さらに高度な数学をこなそうとするなら，無理数も含んだ実数集合が必要であり，これは有理数集合にとってさえ拡大集合ですから，自然数集合にとってはもちろん拡大集合です．これらの集合どうしの相対関係は93ページの図4.1に描いたとおりであり，これが自然数集合に与えられた位置です．

こうしてみると，自然数の集まりを「集合」としてとらえることによって，自然数が実数の中で与えられている位置や他の集合との関係，自然数どうしの関連性や秩序，つまり自然数集合の構造が明らかになっていくではありませんか．ここに，自然数の集まりを「自然数集合」としてとらえることの意義があります．

そういえば，思いあたるふしがあります．この章の前半で演算ということについて7ページも費やした理由がやっとわかりかけたようです．集合の構造をもっとも強く特徴づけているものは，その集合の演算に関する性質です．もちろん，演算は加減乗除ばかりではなく広い意味での話ですが，その集合はどの種の演算について閉じているとか，いないとか，あるいは，その集合の中ではどのような演算法則がまかり通っているとか，これらが集合の構造をいちばんよく物語っているようです．したがって，ある集合の中で適用される演算のルールがその集合の構造を決める設計図であると言えるでしょう．

要素は無尽蔵に湧いてくるか

だいぶ前になりますが，74ページあたりで

  {あ，い，い}

という集合は要素が3個あるようにみえるけれど，この集合は

  {あ，い}

のことであって，要素は2個であると書いてあったのを思い出していただけるでしょうか．つまり，{あ，い} という集合は，「あ」という要素と「い」という要素で成立していると約束されているだけであり，「あ」や「い」がいくつあるかについては，ぜんぜん気にしていないのです．どうしても気になさりたい方は，「あ」も「い」もその集合の中に無尽蔵に含まれていると思っていただいても差し支えありません．

こういう見地からは，{あ，い} の要素は2個というよりは，2種類というほうが実感に忠実かもしれません．ここのところが集合と部品リストとの決定的な相違点です．部品リストなら，たとえばトランプの場合には，エースが4枚，キングも4枚，……というように，要素ごとに枚数が決まっていて，エースが3枚しかなかったり無尽蔵に含まれていたりしたのでは，トランプが成り立たないではありませんか．

ではなぜ「個々の要素がいくつ含まれているかをぜんぜん気にしない」などという，わかりにくい約束をしなければいけないのでしょうか．それは，74ページにも書いたように，もしも個々の要素がいくつあるかによって別の集合とみなすなら，たとえば自然数集合とひと口にいっても

{1, 1, 2, 3, ……}, {1, 1, 1, 2, 2, 3, 3, ……},
……

など無数の種類が存在することになり，収拾がつかないことも理由のひとつです．そしてまた，集合の要素がそれぞれ1個ずつしかないという立場に立つなら，自然数集合は加法や乗法についてさえ閉じていません．なぜなら

1 + 1

という演算をするためには，「1」という要素が2個いりますし

2 × 1 = 2

という乗法は，「2」が2個ないとできないからです．

それに，くどいようですが，集合という概念の真価はなんらかの集合を定義すること自体にあるのではなく，その集合の構造に目を向けて解明するところにあります．そして，こういうことが必要になるのは，「1年A組の生徒」や「結衣，景子，真央」などのように具体的な事物を対象とするときよりは，自然数，実数，三角形，線分上の点，片かな，などのように抽象性の高いものを対象とするときです．その場合には個々の要素は頭の中で作り出されるので，無尽蔵に湧いてくるとみなすのが自然というものです．

こういう次第ですから，やはり

1年A組の生徒の集合

{結衣，景子，真央}

などは，集合の例としては上等ではないようです．結衣が無尽蔵に湧いてくると考えるのは，嬉しいことですが，ちょっと不自然ではありませんか．

IV 存在より秩序が決め手

　最後にもういちど，くどいようですが，集合という概念は集合の構造を解明するときに真価を発揮します．そのもっとも代表的な例は，無限集合を対象としたときです．その醍醐味をつぎの章でたっぷりと賞味していただきましょうか．

V ロマンへの旅立ち
——無限の世界のミステリー——

無限の恐怖

いったいぜんたい，無限とはなんでしょうか．

たとえば，「宇宙の無限の彼方に」などと気軽にいいますが，文学的にではなく科学的な立場に立つなら，これはどういうことでしょうか．

大空をめがけてもうれつなスピードで突進していく様子を想像してください．あっという間に太陽系を後にし，銀河系をとび出し，たくさんの星雲が車窓の風景のように流れ去っても，どんどんと突き進むのです．宇宙の縁は光の速度でぼう張を続けていて，光より速いものは存在しないから決して宇宙の縁には到達できない，という説がありますが，それでもかまわずに突進するのです．

とても科学的とは言えなくなりましたが，それでも突進の速度をゆるめてはなりません．どんどん，どんどん，限りなく突き進んでください．さあ，どうなるでしょうか．とても人智では想像もつき

ません.

　私たちは地球上に住む生物ですから,地球から無限に遠ざかった状態など想像できないのもあたりまえかもしれません.それでは,もっと身近な「無限」について考えてみましょうか.

　自然数は,1, 2, 3,……と1ずつ増加しながら無限に続く数です.どんなに大きな自然数を持ってきても1を加えさえすればさらに大きな自然数が誕生します.そして,さらに1を加えればもっと大きな自然数ができるし,さらに1を加えれば……と考えていけば際限がありません.そのうえ,1を加えるなどとつつましいことを言わずに2倍とか5倍とかすれば一挙にドンと大きな自然数ができますし,2乗でもしようものなら,べらぼうに大きな自然数がドカンと誕生してしまいます.どんなにどんなに大きな自然数を持ってきても,まだまだ大きな自然数が無限に存在するのです.いったい「無限」とはどういうことなのでしょうか.

　考えてみればみるほど,「無限」は不可解です.そして,真摯な数学者や物理学者は,「無限」について考えているうちに,身ぶるいするほどの恐怖の念に取りつかれるときがあるそうです.実をいうと私のような技術者は,自然科学と社会科学の中間的立場で仕事をしているので,いつでも近似値でものを考える習慣がありますから,「無限」を「べらぼうに大きい」くらいで近似してしまい,身ぶるいするほどの恐怖を感じたりはしません.それどころか,宇宙の無限の彼方などにロマンを感じて,うっとりしてしまうくらいです.

　けれども,真実のところ,「無限」を「べらぼうに大きい」くらいで近似してしまうなど,もってのほかなのです.なぜかという

海に連なって空があるけれど
空は海ではない

と,「べらぼうに大きい」は, べらぼうの程度がどれほど激しかろうと, 所詮は有限にすぎません. これに対して, 無限は有限の値をどんどん大きくした先のほうに存在することは確かなのですが, しかし, 無限は有限に連続しているわけではありません. 無限は有限とはまったく異なった別世界なのです.

そこには, 有限の世界では決して起らないようなミステリーのかずかずが存在します. したがって,「無限」を「べらぼうに大きい」で代用するのは, 水平線の彼方に空があるからというので空を「べらぼうに遠くの海」で代用するようなもので, とても許されはしないのです.

2つに割っても小さくならない話

無限の世界では, さまざまなミステリーが起ると前節に書きました. 百聞は一見に如かず, ですから, さっそく, その実例をご紹介

しましょう．

有限の世界では，部分は全体よりは確実に小さいのが常識です．まして，全体を2つの部分に分割したとき，2つの部分のそれぞれがもとの全体と同じ大きさであることなど絶対にありません．もし，そのようなことができるなら，手元の現金を直ちに2分割したいところです．ところが，無限の世界ではこのようなことが日常茶飯事のように起るから不思議です．まあ，みてください．

自然数の集合

$$\{1, 2, 3, 4, \cdots\cdots\}$$

と奇数の集合

$$\{1, 3, 5, 7, \cdots\cdots\}$$

の大きさ，つまり要素の個数を較べてみましょう．あっ，この2つの集合はいずれも無限集合ですから，こういうときには46ページに書いたように，両集合の**濃度**を較べてみましょう，といわなければならないのでした．

両集合の濃度を較べるには，両集合の要素どうしを一対一に対応させ，どちらの集合の要素が余るかを確かめればいいのでした．さっそく，自然数集合の要素と奇数集合の要素とを左から一対一に対応させてみましょう．

$$1, \quad 2, \quad 3, \quad 4, \quad \cdots\cdots, \quad n, \quad \cdots\cdots$$
$$\updownarrow \quad \updownarrow \quad \updownarrow \quad \updownarrow \qquad\qquad\quad \updownarrow$$
$$1, \quad 3, \quad 5, \quad 7, \quad \cdots\cdots, \quad 2n-1, \quad \cdots\cdots$$

右のほうへどんどん進んでも，自然数集合のある要素 n に対しては，奇数集合の要素 $2n-1$ が対応しますし，n がいくら大きくなっても，それとペアを組む $2n-1$ がちゃんと存在しますから，

どこまでいっても必ず対応する相手が存在します．どちらかの要素が足りなくなってペアを組めないことなど，決して起りません．したがって，自然数集合と奇数集合とは濃度が等しいのです．有限集合の言葉でいうなら，両方の集合の大きさが等しいということになります．

私たちの日常感覚からいえば，奇数集合の要素は自然数集合の要素の半分しかないと思うのが常識でしょう．けれども，両方の要素に一対一の対応をつけてみると，過不足なく集団見合いが成立するのですから，両集合の要素が同数であることを認めないわけにはいきません．どうしてこのような珍事が起るのかといえば，自然数集合も奇数集合も要素が無限に存在するからです．すなわち，無限の世界だから起る珍事にちがいありません．

同じように，自然数集合と偶数集合の濃度も比較してみてください．

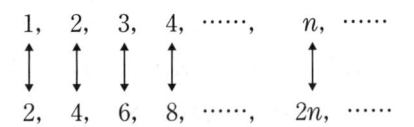

$$1, \quad 2, \quad 3, \quad 4, \cdots\cdots, \quad n, \cdots\cdots$$
$$\updownarrow \quad \updownarrow \quad \updownarrow \quad \updownarrow \qquad\qquad \updownarrow$$
$$2, \quad 4, \quad 6, \quad 8, \cdots\cdots, \quad 2n, \cdots\cdots$$

どこまでいっても，ぴったりと一対一に対応し，どちらかの要素が種切れになってペアが組めないという事態は起りませんから，自然数集合と偶数集合の濃度も同じです．

さらに，奇数集合と偶数集合も

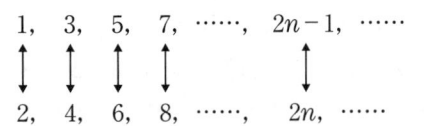

$$1, \quad 3, \quad 5, \quad 7, \cdots\cdots, \quad 2n-1, \cdots\cdots$$
$$\updownarrow \quad \updownarrow \quad \updownarrow \quad \updownarrow \qquad\qquad \updownarrow$$
$$2, \quad 4, \quad 6, \quad 8, \cdots\cdots, \quad 2n, \cdots\cdots$$

という調子ですから，濃度が等しいと断定せざるを得ません．こう

してみると

　　　　奇数集合∪偶数集合＝自然数集合

であるにもかかわらず，この3つの集合はいずれも濃度が同じです．つまり，全体を2つに分割してみたら，2つの部分のそれぞれがもとの全体と同じ大きさだというのです．有限の世界では思いも及ばないミステリーではありませんか．

へんなホテル

　無限の世界のミステリーは，まだまだつづきます．幸いなことに，『集合の話』(ヴィレンキン著，柴田泰光訳，東京図書)という本に，無限の世界のミステリーをうまく解説した話が載っていました．

　他人の創作を借用するのはくやしいので，もっとうまいたとえ話ができないものかと，ずいぶん考えてみたのですが，どうしてもヴィレンキン先生の創作には及びません．やむを得ず，我を折って，その創作を紹介させていただくことにしました．なお，説明の都合でストーリーの一部を変更したり省略したりしてありますので，あしからず……．

　宇宙の一角に，宇宙遍歴者のための壮大なホテルがあると思ってください．すべての客室には，冷たいプラズマや熱いプラズマが流れ出るカランが備えつけられているし，お望みなら，夕方に身体を霧のように分解して宇宙の各地で遊び，翌朝，その人の原子配列表に従って元どおりの身体に寄せ集めてもらうこともできるような夢のホテルです．けれども，いちばんかんじんなのは，客室が「無限」

にあることです.

第1話 ある晩,私がホテルのフロントに到着したとき,困ったことに,ホテルはすでに満員になっていました.そのうえ,なにしろ宇宙の各地から集まった客人たちですから,ある客はフッ素を呼吸していたり,別の客にとっては860℃が適温だったりして,どこかの客と同室にするというわけにもいきません.さあ,たいへんです.ホテルに泊めてもらえず,星の間の空間で夜を過ごしたら,肺炎にかかってしまうかもしれません.

けれども,支配人はちょっと考えたすえに,私を1号室に入れてくれたのです.1号室の客を2号室へ,2号室の客を3号室へ,以下,順に隣の部屋へ移ってもらって…….最後の番号の部屋にいた客人が宇宙の空間へ放り出されてしまうではないかと心配する必要はありません.なにしろ,部屋が無限にあるのですから.

第2話 あくる朝,私は1,000,000号室に移ってくれるようにとの申し出を受けました.昨夜の経験から,きっと999,999人の客が到着したにちがいないと,私にはすぐわかりました.

第3話 3日め,窓の外が暗くかげるほどたくさんの客が到着しました.客の無限集合がやってきたのです.どうしたら満室のホテルに無限の客を収容できるかと支配人は1時間も考えたあげくに,やっと妙案に気がつきました.1号室の客は2号室へ,2号室の客は4号室へ,3号室の客は6号室へ,つまりn号室の客は$2n$号室へ移ってもらい,空室になった奇数番号の部屋に新来の客を収容したのです.私も,ようやく住みなれた1,000,000号室から2,000,000号室へ移りました.

前の節で,自然数集合を奇数集合と偶数集合に分割しても集合の

濃度は変らない，つまり要素の個数が変らないことを知った私たちなら，たちどころに，この妙案に気がついたはずなのに……．

第4話 あくる日，前の日に訪れた無限集合の客がいっせいに引き上げて，奇数番号の部屋がぜんぶ空いてしまいました．ホテルに半分も空室があるようでは経営上のピンチを招きかねません．そこで，2号室の客は1号室へ，4号室の客は2号室へ，6号室の客は3号室へ，つまり$2n$号室の客はn号室へ戻ってもらうことにしました．新しい客は1人も訪れないにもかかわらず，ホテルは満室になり，経営上のピンチは回避されました．

第5話 これよりずっと前，働き者の建設者たちが私たちのホテルと同じように無限の部屋を持つホテルを宇宙の各地に無限にたくさん作ってしまっていました．ところが，この建設のために，あまりに多くの銀河を破壊してしまったので，銀河どうしの均衡が破れて重大な事態が起るのではないかと懸念されはじめたのです．

そこで，私が泊っているホテルを残して，ほかのホテルはぜんぶ取りこわし，利用していた材料を元のところへ戻すことに決まりました．ここで，むずかしい問題に直面しました．取りこわされるすべてのホテルが満室であったからです．泊り客の無限集団をかかえているホテルの，そのまた無限集合から，たった1つの，それもすでに満室になっているホテルに客を移住させるには，どうしたらよいのでしょうか．

この問題は，やさしくはありません．いろいろな珍案や迷案が検討されたすえ，やっと1つの妙案が発見されました．まず，私たちのホテルも含めてホテルのぜんぶに一連番号をつけます．そして，i号ホテルのj号室に泊っている客を

(i, j)

と書いて表わすことにしました．たとえば，7号ホテルの4号室に泊っている客人は

$(7, 4)$

と命名されることになります．つぎに，下のような表を作ります．

$(1, 1)$	$(1, 2)$	$(1, 3)$	$(1, 4)$	……
$(2, 1)$	$(2, 2)$	$(2, 3)$	$(2, 4)$	……
$(3, 1)$	$(3, 2)$	$(3, 3)$	$(3, 4)$	……
$(4, 1)$	$(4, 2)$	$(4, 3)$	$(4, 4)$	……
⋮	⋮	⋮	⋮	

いちばん上の1行は1号ホテルに宿泊している客を表わし，2行めは2号ホテルの客を，3行めは3号ホテルの客を表わしています．そして，ホテルの数は無限にありますから，この表は下方へ無限に続いているはずですし，また，どのホテルにも無限の部屋がありま

V ロマンへの旅立ち

すから,この表は右のほうへも無限に広がっていることはもちろんです.これで,無限集合の客をかかえた無限集合のホテルの客が1名の落ちこぼれもなく書き並べられました.

つぎに,下表のようなルールに従って,すべての客人に一連番号をつけてください.

$$
\begin{array}{cccc}
(1,1) & (1,2) & (1,3) & (1,4) \quad \cdots\cdots \\
\downarrow & \downarrow & \downarrow & \\
(2,1) \leftarrow (2,2) & (2,3) & (2,4) \quad \cdots\cdots \\
& \downarrow & \downarrow & \\
(3,1) \leftarrow (3,2) \leftarrow (3,3) & (3,4) \quad \cdots\cdots \\
& & \downarrow & \\
(4,1) \leftarrow (4,2) \leftarrow (4,3) \leftarrow (4,4) \quad \cdots\cdots \\
\vdots & \vdots & \vdots & \vdots
\end{array}
$$

すなわち,左上すみの(1, 1)に番号1与え,ついで(1, 2)を番号2とし,あとは矢印に従って(2, 2)を番号3,(2, 1)を番号4と決めていくのです.以下,同じ要領で,(1, 3)を番号5,(2, 3)を番号6,……というように番号を与えてゆけば,すべての客人に一連番号がつけられるはずです.あとは,いまの一連番号に従って,ただ1つ残される私たちのホテルの1号室には番号1の客を,2号室には番号2の客を……と,順次収容してゆけば,すべての客が私たちのホテルに収容できるにちがいありません.

この妙案に従って,すべてのホテルのすべての泊り客が無事に私たちのホテルに収容されたのでした.

後日談 このようなすばらしい分宿の成功を祝して,ホテルの支配人がパーティを催し,ぜんぶの泊り客を招待しました.ところが,偶数番の部屋の泊り客が半時間も遅れてきたときには,すでに

1人あたり1脚ずつ準備しておいたいすがぜんぶふさがってしまっていました．なぜ……？　ところが，新しいイスは1つも持ち込まないのに，遅刻した客人たちを含めて全員がいすにありつくことができました．どうやって……？

さらに，アイスクリームを配る段になると，コックは1人あたり1個ずつしか用意しなかったのに，誰もが2個ずつを受け取ってしまったのです．この結果，なにが起ったのでしょうか．

こんどは，各人で無限のミステリーに挑んでいただくよう期待して，この節を終ります．

かぞえられる無限

へんなホテルで起ったミステリーは，いくつかの無限集合の要素が自然数集合——これも無限集合です——の要素と一対一の対応がつけられるので，それらの無限集合が自然数集合と同じ濃度を持つ，いいかえれば要素の個数が等しいと考えざるを得ないところに起因していました．そこで，一対一の対応のしかたに注目して，もういちど復習してみましょうか．

第1話　私が1号室をもらった結果，無限集合の客と無限集合の部屋とはつぎのように一対一の対応をしています．

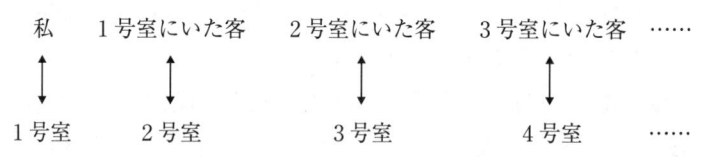

私	1号室にいた客	2号室にいた客	3号室にいた客	……
↕	↕	↕	↕	
1号室	2号室	3号室	4号室	……

この対応は右のほうへ限りなく続いてゆきますが，客がなくなる

心配も部屋がなくなる心配もありません．なにしろ無限なのですから……．したがって，一対一の対応は完全無欠に成立します．

第2話 999,999人の新客を迎えて，客と部屋の対応は，つぎのように変りました．

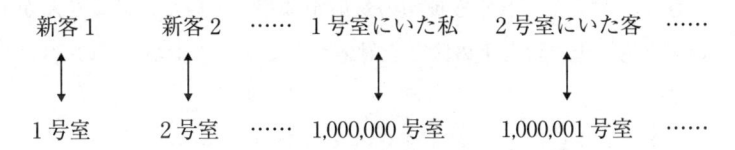

新客1	新客2	……	1号室にいた私	2号室にいた客	……
↕	↕		↕	↕	
1号室	2号室	……	1,000,000号室	1,000,001号室	……

この対応のずっと右のほうで，部屋が999,999人ぶん不足するなどというと笑われます．なにしろ，無限なのですから……．

第3話 無限集合の新客に奇数番号の部屋を割り当てましたから，客と部屋の対応はつぎのように変りました．

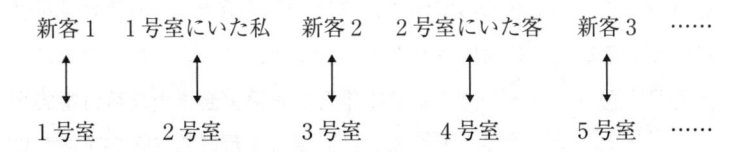

新客1	1号室にいた私	新客2	2号室にいた客	新客3	……
↕	↕	↕	↕	↕	
1号室	2号室	3号室	4号室	5号室	……

第4話 偶数番号の部屋だけに残った客を，順に繰り合わせて詰めた結果になりました．

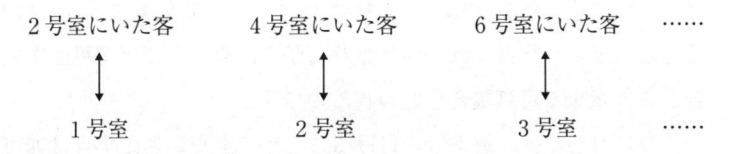

2号室にいた客	4号室にいた客	6号室にいた客	……
↕	↕	↕	
1号室	2号室	3号室	……

第5話 ここでは，たいへん苦労して一対一の対応をさせました．

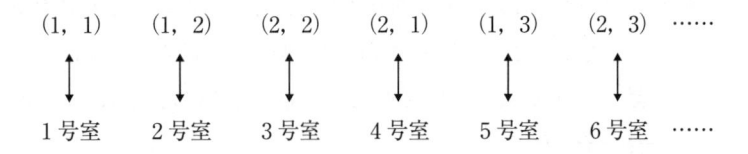

(1, 1)　　(1, 2)　　(2, 2)　　(2, 1)　　(1, 3)　　(2, 3)　……
　↕　　　　↕　　　　↕　　　　↕　　　　↕　　　　↕
1号室　　2号室　　3号室　　4号室　　5号室　　6号室　……

さて，改めてこれら5種類の対応を観察していただけませんか．いずれも，上の段と下の段とを対応させてありますが，下の段はすべて

　　　1号室，　2号室，　3号室，　4号室，　……

となっています．これから「号室」を省略してしまえば

　　　1，　2，　3，　4，　……

という一連番号です．あるいは，自然数そのものと見てもいいでしょう．いうなれば，上段に配列した無限集合の要素には一連番号を付けることができるのです．とくに，第5話では，一連番号を付けてから部屋番号に対応させたくらいです．このように，要素に一連番号を付けることができる無限集合を**可算集合**または**可付番集合**といいます．可付番集合と呼ぶのは，番号を付けることが可能な集合だからでしょう．

さらに，一連番号を付けるという行為は，自然数集合と一対一の対応をつけることを意味し，それは41ページに書いたように，「かぞえる」という行為にほかなりませんから，算えることが可能な集合という意味で**可算集合**といわれるのです．

これに対して，一連番号を付けることができない無限集合は**非可算集合**または**非可付番集合**と呼ばれています．

さて，可算集合はどのような性格をしているのでしょうか．私た

ちの身近に一連番号さえ付けられないような集合が実在するのでしょうか．実在するなら，その濃度はどのくらい濃いのでしょうか．野次馬根性に恵まれた方にとっては興味のつきないところです．

整数は可算，そして有理数は？

可算集合のもっとも典型的な例は自然数集合です．なにしろ，その要素それ自身が一連番号なのですから……．また，奇数集合や偶数集合が可算集合であることは，107～108ページの対応を見ていただけば疑う余地もありません．

では，整数集合はどうでしょうか．自然数はプラスの方向にだけ無限につづいているのに対して，整数はプラスとマイナスの2方向に無限に拡がっていますから，ひょっとすると自然数より整数のほうが濃度が大きいのではないかと期待をもたせます．けれども，この期待は簡単に裏切られます．なぜなら

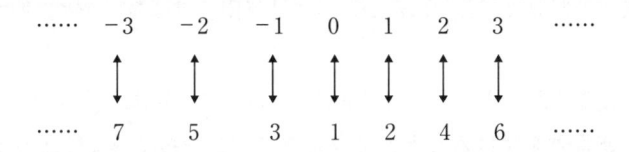

```
……  -3  -2  -1   0   1   2   3  ……
      ↕   ↕   ↕   ↕   ↕   ↕   ↕
……   7   5   3   1   2   4   6  ……
```

のように，まず整数の0に自然数の1を割り当てたのち，整数のプラス側には自然数の偶数を，マイナス側には奇数を割り当てれば，いとも簡単に一対一の対応がついてしまうからです．

整数がダメなら，有理数があるさ，です．有理数は分数で表わされる数のことですから，たとえば，たった1と2の間だけを調べてみても，そこには無数の有理数が存在します．うそだと思う方は表

表 5.1　1 と 2 の間に無限の有理数がある

$$\frac{3}{2}$$

$$\frac{4}{3} \quad \frac{5}{3}$$

$$\frac{5}{4} \quad \frac{6}{4} \quad \frac{7}{4}$$

$$\frac{6}{5} \quad \frac{7}{5} \quad \frac{8}{5} \quad \frac{9}{5}$$

$$\frac{7}{6} \quad \frac{8}{6} \quad \frac{9}{6} \quad \frac{10}{6} \quad \frac{11}{6}$$

....

5.1 を見てください．三角形に配列された分数の一覧表は下方へ際限なく拡げることができますから，無限の有理数が存在することは明らかではありませんか．たった 1 と 2 の間にさえ，ぎっしりと無限の有理数が詰め込まれているくらいですから，マイナス無限大からプラス無限大までのすべての範囲に存在する有理数の個数は，自然数の個数などよりはるかに多い「無限」ではないかと，心がはずむのです．

ところが，またもや期待は裏切られます．無限の分数のすべてに一連番号を付けることができるのです．やってみましょうか．まず，分母が 1 の正の分数を 1 行めに，分母が 2 の正の分数を 2 行めに，……と書き並べてください*．

1/1	2/1	3/1	4/1	……
1/2	2/2	3/2	4/2	……
1/3	2/3	3/3	4/3	……

....

V　ロマンへの旅立ち

こうすると，すべての正の分数はこの一覧表の中に含まれてしまいます．たとえば，0.12/3.45 というような分数は，分子と分母を 100 倍すれば 12/345 ですから，この表の 345 行めの 12 番めに書かれているにちがいありません**．

この表ができれば，あとは簡単です．へんなホテルの第 5 話（111 ページ）のときと同じ要領で一連番号をつぎつぎに付与していきましょう．そうして，その番号順に自然数と一対一の対応を組ませれば

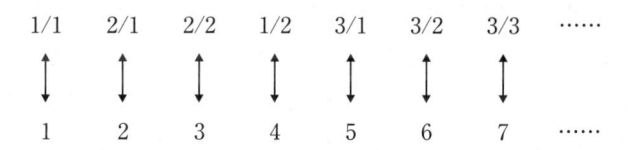

1/1	2/1	2/2	1/2	3/1	3/2	3/3	……
↕	↕	↕	↕	↕	↕	↕	
1	2	3	4	5	6	7	……

というぐあいで，いくら右のほうへいっても，どちらも種切れになることはありませんから，完全に一対一の対応が成立します．したがって，有理数集合も可算集合であり，その濃度は自然数集合と同じです．

有理数集合などといいながら，いまの説明では正の有理数しか取り扱っていないではないかと指摘されそうです．ごもっともです．説明を簡単にするためとはいえ，配慮が足りなかったと反省しています．では，117 ページで整数と自然数を対応させたときのように，

---

* 分数では，分子は 0 であってもかまいませんが，分母は 0 であってはなりません．『関数のはなし【改訂版】（上）』95 ページ，『方程式のはなし【改訂版】』115 ページ，『数のはなし』104 ページなどに，ゼロで割るとどんな目にあうかを紹介してあります．
** 93 ページの分類では，有理数を整数と分数に分けていましたが，整数は分母が 1 の分数とみなすこともできます．そういう立場から見れば，分数は有理数そのものです．

分子が0の分数に自然数の1を割り当てたのち,プラスの分数には自然数の偶数を,マイナスの分数には自然数の奇数を割り当てることに訂正しましょう.これで,有理数のすべてが自然数ときれいに対応することを合点していただけるでしょうか.

不死身の $\aleph$

この章のはじめのほうで,奇数集合や偶数集合の要素は自然数集合の要素の半分しかないと思うのがふつうなのに,事実は私たちの日常感覚に反して,奇数集合も偶数集合も自然数集合と同じ濃度を持つことがわかり,びっくりしたのでした.そしてさらに前節では,整数集合はもとより,有理数集合でさえも自然数集合と同じ濃度であることを知り,驚きをいっそう深めたのでした.

奇数集合や有理数集合などは,自然数集合と要素どうしが一対一に対応するくらいですから,みな可算集合です.そして,これらはみな同じ濃度を持っていました.この濃度を**可算集合の濃度**と総称し,ふつう

$$\aleph_0$$

という記号で表わします.$\aleph$ はアレフと読み,ヘブライ語のアルファベットの最初の文字です*.したがって,$\aleph_0$ はアレフ・ゼロと読むのですが,なぜ添字のゼロがついているかについては間もなくわかるはずです.

$\aleph_0$ という文字は日ごろ見かけないので,なんとなく不気味です.

---

* $\aleph$ は牛の角を形どったという説があります.迫力のある文字ではありませんか.

V ロマンへの旅立ち

けれども実は，この $\aleph_0$ くん，なかなかユニークな性格を持っています．まず，n を有限の数とすると

$$\aleph_0 + n = \aleph_0 \tag{5.1}$$

という性質があります．その証拠として，くどいようですが，へんなホテルの話をもういちど思い出していただきましょうか．110 ページの第1話では，無限の部屋が無限の客で満室になっていたところへ，さらに私1人が収容される話でしたから

　　　無限 + 1 = 無限

なのですが，ホテルの部屋には一連番号がついていましたから，この無限の濃度は可算集合の濃度，つまり $\aleph_0$ にちがいありません．したがって

$$\aleph_0 + 1 = \aleph_0$$

であったわけです．

また，第2話では，さらに 999,999 人の新客が増えても無限からはみ出た客がいなかったのですから

$$\aleph_0 + 999{,}999 = \aleph_0$$

であったにちがいありません．同様な理くつで式(5.1)がいつも成立することは納得できるでしょう．

$\aleph_0$ くんのつぎの性質は

$$\aleph_0 + \aleph_0 = \aleph_0 \tag{5.2}$$

です．これは，へんなホテルの第3話に相当します．無限集合の客が泊っているところへ新しい無限集合の客が追加されても，いぜんとして無限集合の客にしかすぎなかったではありませんか．

ところで，式(5.2)が成りたつなら，$\aleph_0$ をもうひとつ加えても

$$\aleph_0 + \aleph_0 + \aleph_0 = (\aleph_0 + \aleph_0) + \aleph_0$$

$$= \aleph_0 + \aleph_0 = \aleph_0$$

であり,つまり,なん個の $\aleph_0$ を加えても答は $\aleph_0$ となるはずです.したがって

$$n\aleph_0 = \aleph_0 \qquad (5.3)$$

となります.

さらに,へんなホテルの第5話を思い出してください.無限集合の客の,そのまた無限集合が訪れても,その客のすべてを112ページのように書き並べれば,可算集合になってしまうのでした.この場合,横方向にはあるホテルに泊まっている無限の客を,縦方向には無限のホテルを書き並べましたから,全体としては,$\aleph_0 \times \aleph_0$ です.そして,それは結局 $\aleph_0$ に等しかったのですから

$$\aleph_0 \times \aleph_0 = \aleph_0 \qquad (5.4)$$

でありました.

ところで,$\aleph_0$ を2つかけ合わせても $\aleph_0$ なら,なん個の $\aleph_0$ をかけ合わせても $\aleph_0$ です.この理屈は上のたし算の場合と同じです.したがって

$$\aleph_0{}^n = \aleph_0 \qquad (5.5)$$

となります.

式(5.1)から式(5.5)までを,もういちど反すうしてみてください.$\aleph_0$ は,有限の数を加えようと,それ自身をなん個も加え合わせようと,それ自身をなん個もかけ合わせようと,びくともせずに $\aleph_0$ です.e^x は,x で微分しても積分しても e^x のままで,不死身の関数ですが[*],それにも増して $\aleph_0$ は不死身なのです.

---

[*] e^x の不死身さかげんについては,『微積分のはなし【改訂版】(上)』106ページなどを,どうぞ.

実数が可算でないことの証し

有理数は，1と2の間のようにごく限定された区間にさえ無限に存在するのですから，1と2の間は有理数でべったりと埋めつくされているように思えます．それにもかかわらず，有理数集合は，1とか2とか3のようにとびとびにしか存在しない自然数の集合と濃度が等しい，いいかえれば要素の数が等しいというのです．常識的には合点しにくいのですが，しかしこれが無限の世界の掟なのですから，しかたがありません．

それにしても，1と2の間のようなごく狭い範囲にさえ無限に存在する有理数が，マイナス無限大からプラス無限大の全範囲にわたって集められても，自然数と同じ濃度しかもっていないならば，それより大きな濃度の集合など，この世にあり得るのでしょうか．実は，それがごく身近にあるから，事実は小説よりも奇なりなのです．

有理数は分数で表わされる数です．その中には

$$9/3 = 3, \quad 15/2 = 7.5, \quad 1/8 = 0.125$$

などのように，割り切れて整数や有限小数になるものと

$$10/6 = 1.6666\overset{\bullet}{6}$$
$$4/7 = 0.\overset{\bullet}{5}7142\overset{\bullet}{8}571428$$

のように，・をつけた数字がいつまでも繰り返される循環小数があることは93ページの分類のとおりです*．そして，このほかに循

---

* 分数は必ず割り切れるか循環する無限小数になることの理由と，循環の桁数については，『数のはなし』188ページから4ページを費やして説明してあります．

環しない無限小数でしか表わすことができない無理数が存在することも，そこに書いてありました．そして，$\sqrt{2}$ や π のような日常生活にとっても重要な値が無理数であることについても，すでにどこかで書いたと思います．

　無限に決して循環することなく数字を書き連ねるなどということは，とてもむずかしいように思えるかもしれません．そうではありません．いくらでも，たやすく作れます．たとえば

　　　　1.101001000100001……

1と1の間にはさまれる0の数を，0個，1個，2個，3個，……と順に増してゆけば，りっぱな無理数が誕生するではありませんか．この例をヒントにすれば，無理数など，たちどころに何種類も作れるはずですから，どうぞ各人で無理数の制作をお楽しみください．

　さて，かんじんなのは，有理数と無理数とをいっしょにした実数集合の濃度です．この濃度は明らかに可算集合の濃度より大きいのです．それを証明してみましょうか*．

　まず，それぞれ異なった無限小数を無限に書き並べてください．なにしろ，数字が循環してはいけないとか，しなくてはいけないなどの束縛はいっさいなく，コンマ以下に無限の数字を並べていいのですから，無限にたくさんの種類の無限小数を書くことができるはずです．それに，いまは実数を無限小数で表わそうとしているのですから，0.80000……のように有限小数に0が無限に連なったもの

---

*　実数集合の濃度が可算集合のそれより大きいことについては『数のはなし』でも証明してありますが，話の筋書き上たいせつなので重複は許していただくことにしました．

が含まれていてもかまいません．ま，せめて見やすいように，0.で始まる小数に統一しておくとしましょうか．

　無限小数を無限に書き並べたら，つぎには，無限小数のひとつひとつに自然数とペアを組ませてください．そうして，無限の無限小数が最後まで過不足なく自然数とペアを組ませることができたと仮定します．つまり，無限小数の集合が可算集合であると仮定するのです．この仮定は重要ですから，ぜひ覚えておいてください．

　作業は，つぎのようになるでしょう．

　　　0.3760000…… ⟷　　1
　　　0.0879506…… ⟷　　2
　　　0.9998157…… ⟷　　3
　　　0.3429055…… ⟷　　4
　　　0.2740324…… ⟷　　5
　　　………………………………

　無限小数を無限種類も書くのでは命がもちませんから，このくらいで勘弁していただきます．

　つぎに，1番めの無限小数からはコンマ以下1桁めにある3を，2番めの無限小数からはコンマ以下2桁めにある8を，3番めの無限小数からは3桁めの9を，……というぐあいに数字を取り出し，それらを並べて新しい無限小数

　　　0.38993……

を作ります．こうしておいて，この新しく作られた無限小数とすべての桁が別の値になるような無限小数を作ります．たとえば，各桁の値に1ずつ加えて(9は0にする)

　　　0.49004……

としてみましょうか．

こうして新しく誕生した無限小数は，おもしろいことに，さきほど書き並べた無限種類の無限小数のどれとも同じではありません．なぜかというと，1番めの無限小数とは少なくともコンマ以下1桁めの値が異なるし，2番めの無限小数とは少なくともコンマ以下2桁めが，3番めの無限小数とは少なくとも3桁めが異なるというように，n番めの無限小数とは少なくともn桁めが異なる別の無限小数だからです．

さあ，話が佳境にはいってきました．自然数と過不足なくペアを組んだ無限種類の無限小数のどれとも等しくない無限小数が，新しく誕生してしまったのです．この無限小数とペアを組むべき自然数は，もう残っていないではありませんか．

ここで思い出していただきたいのは，無限小数が可算集合であるとした前ページの仮定です．そのように仮定をしたからこそ，無限個の無限集合を1番めとか2番めとか識別することが可能になり，1番めの無限集合からはコンマ以下1桁めの数字を，2番めの無限集合からは2桁めの数字を取り出し……，そのあげくに，その順序どうりに数字を並べて新しい無限小数を作り……という作業が可能になったのでした．そして，その結果として可算集合であったはずの無限小数集合に含まれない，新しい無限小数が誕生してしまい，それと連れ添わせるべき自然数が不足してしまいました．

きっと，無限小数を可算集合とした仮定が間違っているにちがいありません．無限小数の集合は可算ではないのです．いまの証明では，無限小数の中に有限小数も含めていましたし，整数も含まれていてもいい理屈ですから，実数集合は可算ではない，というのがす

なおなところでしょう．したがって，実数集合の濃度は $\aleph_0$ ではありません*．

連続体濃度

有理数は，1と2の間にさえ無限に存在するのですから，1と2の間ばかりとは限らず，マイナス無限大からプラス無限大の範囲をべったりと埋めつくしているように感じます．けれども，この感じは正しくありません．なんといっても，有理数は有限小数が循環する無限小数という星の下にしか生存を許されないのですから，ものすごく小刻みではありますが，とびとびにしかすぎないのです．そして，このとびとびの有理数のすき間を，無限小数でしか表わすことのできない無理数がべったりと埋めつくしているというのが真相です**．

こういうわけですから，有理数と無理数をいっしょにした実数は，それこそマイナス無限大からプラス無限大のすべての範囲を切れめなくべったりと埋めつくしています．なるほど，これでは前節で証明したように，同じ無限集合とはいっても，実数集合のほうが

---

* ある仮定を設けて理論を展開すると仮定そのものを否定するような結論が出るので，仮定が間違っているにちがいないと判定するような証明法を，**背理法**または**帰謬**（きびゅう）**法**と呼びます．203ページに背理法の論理学的な意味を述べてあります．

** 有理数のように2つの数の間に無限に数があるような状態を，数が非常に密にあるからというので**稠密**（ちゅうみつ）といいます．これに対して，実数の状態は**連続**といいます．『数のはなし』192ページを参照していただければ幸いです．

「無限」の上に「無限」が見えまーす

有理数集合の濃度より大きいにちがいありません．こうして私たちは，可算集合の濃度 $\aleph_0$ よりも大きな濃度の無限が実存することを，ついに突きとめたのでした．

実数集合の濃度のように，べったりと連続に存在するものの濃度は**連続体濃度**といわれます．そして，その濃度を

$$\aleph$$

と書いて表わします．

$\aleph_0$ の場合には，$\aleph_0 + \aleph_0 = \aleph_0$ とか $\aleph_0 \times \aleph_0 = \aleph_0$ などの性質がありましたが，$\aleph$ の場合にも同じような性質があります．まず

$$\aleph + \aleph = \aleph \tag{5.6}$$

を証明してみましょう．

その前に，ある長さの線分上にはもちろん無限の点が存在しますが，この無限の濃度が $\aleph$ であることを理解していただく必要があります．線分上にはべったりと連続して無限の点が存在するから，その無限は連続体濃度なのだと単純に信じ込むのではなく，つぎの

ように考えてください.

ここに, 長さ1の線分ABがあると思ってください(図5.1). そして線分上に点Pがあるとき, AからPまでの距離がかりに0.34265……であれば, 点Pと0.34265……とを一対一に対応させていくのです. 同様に線分上に点Qがあって AQ の距離が0.82857……であるなら, 点Qと0.82857……とを一対一に対応させればいいわけです.

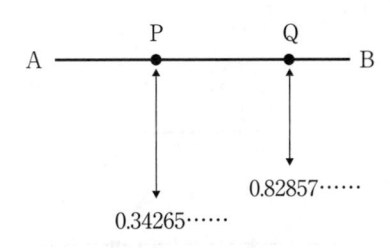

図5.1 線分上のすべての点が実数と一対一に対応

こうしてみると, 線分上のどの点についても, Aからの距離が0から1までの実数のひとつと対応しますし, 逆に0から1までの実数があれば, それは線分AB上の点のひとつと対応します. つまり, 線分AB上のすべての点と0から1までのすべての実数とが, 見事に一対一の対応をしていることになります. そして, 2つの集合の要素どうしが, 過不足なく一対一に対応すれば両集合の濃度が等しいのですから, 長さ1の線分上の点の集合と0から1までの実数集合の濃度は等しいはずです.

しかるに, 前節で証明したように, 0.で始まる実数集合は可算ではなく, その濃度は $\aleph_0$ ではありませんでした. そして, その濃度を連続体濃度と名づけ, $\aleph$ で表わしたのでした. したがって, 長さ1の線分上の点集合の濃度は連続体濃度 $\aleph$ です.

つぎへ進みます. 図5.2を見てください. 長さが1の線分ABと, その n 倍の長さをもつ線分 A′B′ とが並んでいて, A′AとB′Bの延

長線どうしの交点をOとしてあります。そして、Pには図のようにP'を、QにはQ'を対応させています。こうすると、AB上のどの点をとってもそれに対応するA'B'上の点がただひとつだけ決まります。逆にA'B'上のどの点に対しても、それに対応するAB上の点がただひとつだけ指定されます。対応する相手がないとか、2つ以上の相手に対応することなど決して起りません。したがって、AB上の点集合とA'B'上の点集合は、要素どうしが完全に一対一の対応をするので、両集合の濃度は同じです。

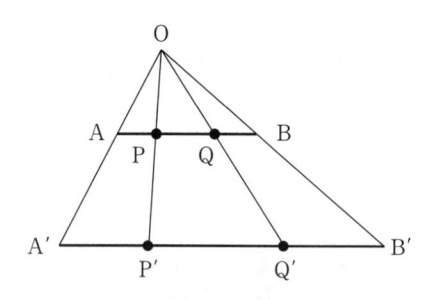

図5.2 線分上の点同士が完全に一対一に対応

AB上の点集合の濃度は$\aleph$でした。そして、A'B'の長さはABのn倍ありますから、A'B'の濃度は$n\aleph$にちがいありません。ところが、これらの濃度どうしが等しいのですから

$$n\aleph = \aleph \tag{5.7}$$

でなければつじつまが合いません。このように、線分はいくら長くても短くても、その上の点集合の濃度は$\aleph$均一なのです。

線分ではなく、両方へ無限に伸びた直線上の点なら、もっと大きな濃度を持っているかもしれないと思われるのですか？ 残念ながら、そうではありません。無限の長さの直線上にある点の集合も、濃度はやはり$\aleph$均一の仲間です。その証拠が、図5.3です。直線ABを半円周に曲げ、その中心にOを置いてみると、半円周AB上

V ロマンへの旅立ち

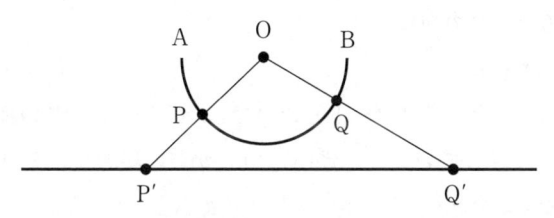

図 5.3　無限の直線上の点とも一対一に対応

の点と無限の長さの直線上に配列された点とが，一対一の対応をするではありませんか．

ここでおもしろいことに気がつきます．無限の直線を1ずつの長さに区切っていくと，無限個の区切りができますが，この区切りには並んでいる順序に従って一連番号をつけることができますから，その無限さの程度は $\aleph_0$ です．そして，長さ1の線分上の点集合は $\aleph$ の濃度を持っていますから，無限の直線上には $\aleph_0 \times \aleph$ の点集合が存在するはずです．ところが，その点集合が長さ1の線分上の点集合と一対一に対応するのですから

$$\aleph_0 \times \aleph = \aleph \tag{5.8}$$

ということになります（図5.4）．さすがの $\aleph_0$ も，もっと兄貴ぶんの $\aleph$ の世界においては，まるで有限の値 n と同じような待遇しか与えられないのです．

1区間に $\aleph$ の点がある

$\aleph_0$ の区間がある

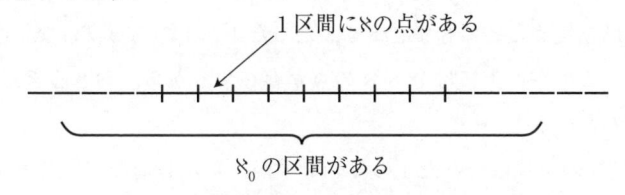

図 5.4　無限の直線上には $\aleph_0 \times \aleph$ の点が

ところで，この節は

$$\aleph + \aleph = \aleph \tag{5.6}$$

と同じを証明しようとしてスタートしたのでした．しかし，この証明はもうとっくに終っています．式(5.7)のnが2の場合が，それに相当するのですから……．

なお，長さ1の線AB上の点が0～1の実数に対応したように，無限の長さの直線は，マイナス無限大からプラス無限大にいたるすべての実数に対応させることができます．こうしてみると，0～1間の実数集合と実数全体の集合とが，同じ濃度$\aleph$であることがわかります．これはちょうど，可算集合の世界でも，自然数集合の部分集合にすぎない奇数集合や偶数集合が，全体集合と同じ濃度を持っていたのと，ちょっと似ているかもしれません．

直線上の点と平面上の点が同数

話はだんだんとむずかしくなります．こんどは

$$\aleph \times \aleph = \aleph \tag{5.9}$$

を証明しようというのです．

まず，ひとつの平面を準備します．大きさや形はどうでもいいのですが，どうでもいいくらいなら，縦の長さが1，横の長さも1の正方形を使うことにしましょう．たった1×1のちっぽけな平面ですが，この平面上には$\aleph \times \aleph$の点が存在するから，おどろきです．なぜかというと……．

図5.5のABはたった1の長さですが，しかし前節でとくと承知したように，AB上には$\aleph$の点が並んでいます．したがって，この

V ロマンへの旅立ち

すべての点を通ってABに垂直な直線を引けば，その直線の本数は $\aleph$ であるにちがいありません．そして，それらの直線には，ABCDの区間内に限定してさえも，それぞれ $\aleph$ の点が並んでいるのですから，ABCDの区間内には，しめて

$$\aleph \times \aleph$$

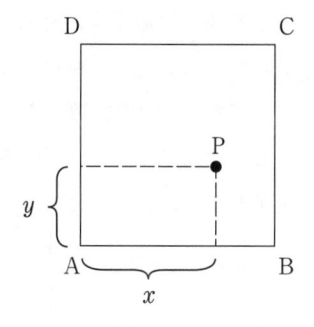

図5.5 平面上の点はいくつ

の点が存在するはずです．

さて，問題の式(5.9)を証明するには，この平面上のすべての点が，ある直線上のすべての点と一対一に対応することを証明しなければなりません．そこで，平面ABCD上の点Pを座標 (x, y) で表わすことにします．そうすると，x も y も0から1までの間の実数になるはずです．たとえば

$$x = 0.82857\cdots\cdots$$
$$y = 0.40396\cdots\cdots$$

とでもいうように．

つぎに，およそ数学のものとは思えない奇想天外なことをやります．この2つの数字の行列をひとつおきに混ぜ合わせていただくのです．いまの例では

```
      8     2     8     5     7  ……
      ↓     ↓     ↓     ↓     ↓
  0.  8  4  2  0  8  3  5  9  7  6  ……
         ↑     ↑     ↑     ↑     ↑
         4     0     3     9     6
```

というようにです．こうして新しく作られた値は，まちがいなく0

〜1の間の実数です．そして，1つの点からは1つの実数が作られ，その実数は決して他の点から作られた実数とは等しくはありません．また，1つの実数があれば，そこからひとつおきに採取した数字で2つの値を作り，それをx座標，y座標とみなせば1つの点が決まります．たとえば

$$0.102963\cdots\cdots \begin{cases} x = 0.126\cdots\cdots \\ y = 0.093\cdots\cdots \end{cases}$$

のようにです．したがって，平面 ABCD 上のすべての点は，線分 AB 上のすべての点と完全に一対一の対応をしています．これで

$$\aleph \times \aleph = \aleph \tag{5.9}$$

と同じの証明は終りです．ご満足いただけたでしょうか．

なお，この式が証明できれば，122ページの $\aleph_0$ のときと同じように

$$\aleph^n = \aleph \tag{5.10}$$

が成立することも明らかでしょう．

無限には無限の階級が

私たちは，ひと口に無限といっても，自然数集合のようにかぞえられる無限 $\aleph_0$ と実数集合のようにかぞえられない無限 $\aleph$ とがあることを知りました．それでは，$\aleph$ よりもっと大きな無限があるのだろうかと，好奇心がかきたてられるではありませんか．これに答えるまえに，順序として，$\aleph_0$ と $\aleph$ とではどのくらい大きさがちがうかを調べてみましょう．

いままで何回も，0から1までの実数を 0. で始まる無限小数で表

わしてきました．いったい，このような無限小数はいくつあるのでしょうか．それは無限大で，この濃度を連続体濃度といい，$\aleph$で表わしたではないかと，そっけないことを言わないで，別の観点から考えていただきたいのです．

まず，コンマ以下1桁には0から9までの10種類の数字がきますから，コンマ以下1桁までの小数は10種類です．つぎに，コンマ以下2桁めにも10種類の数字が使われますから，コンマ以下2桁までの小数はしめて10^2種類です．同じように考えてゆけば，コンマ以下n桁までの小数が

$\qquad 10^n$ 種類

であることが類推できるでしょう．ところが，無限小数ではコンマ以下に無限桁の数字が並ぶのです．そして，その無限さかげんは$\aleph_0$です．なにしろ，コンマ以下1桁め，2桁め，3桁め，……と一連番号がつけられるのですから……．そうすると，無限小数のかずは

$\qquad 10^{\aleph_0}$

であるはずです．そして，これが$\aleph$に等しいのですから

$\qquad 10^{\aleph_0} = \aleph \qquad\qquad\qquad\qquad (5.11)$

という関係が発見されたことになり，うれしくなります．

ところで，私たちは小数を10進法で書いてきましたが，10進法ばかりが数の表わし方ではありません．2進法でも8進法や12進法でも，いや一般的にいえばn進法でも，10進法の場合とまったく同じ内容を表わすことができます*．かりに，2進法での無限小

---

* n進法については，情報処理に関する入門書にはたいてい書いてありますから，ここでは省略させていただきます．

カガミよ、カガミ
世界中で最大の無限は
だれでしょうか

数で実数を表わしていたなら，前ページと同じ思考過程をたどると無限小数のかずは

$$2^{\aleph_0}$$

となるはずであり，n 進法を使っていたなら

$$n^{\aleph_0}$$

となるはずでした．そして，いずれにしろ，それが $\aleph$ に等しいはずです．したがって，式(5.11)は，もっと一般的な形として

$$n^{\aleph_0} = \aleph \tag{5.12}$$

という関係を意味しています*．

あらゆる無限の中でいちばん小さい無限の濃度は $\aleph_0$ なのですが，そのつぎに小さい無限の濃度が $\aleph$ であり，この両者の間には

---

* n 進法のうち，n がもっとも小さいのは 2 進法ですから，式(5.12)の代りに
$$2^{\aleph_0} = \aleph$$
としている本もあるようです．

式 (5.12) の関係があります．ほんとうは，$\aleph_0$ よりは大きく，$\aleph$ よりは小さな濃度がないことを証明しないといけないのかもしれませんが，それは私の手に負えないので省略させていただきます．

その代りに，いまの場合と同じような手順で $\aleph$ よりもっと大きな濃度を探し求めると，$n^{\aleph}$ という濃度の存在が確認できるし，同様に，もっと大きな濃度の存在がつぎつぎと限りなく確認できるという事実をご紹介しておきたいと思います．無限の大きさには無限の段階があるという事実に，私たちは恐怖を感じるより，やはり，そのロマンに酔ったほうが楽しいかもしれません．

せっかく無限のロマンに酔っているところに水をさすようで恐縮ですが，最後にちょっと蛇足を付け加えることをお許しください．

私たちは無限大のことを ∞ という記号で表わします．そのためか，∞ を数の1つと思いこんでいる方がいます．そして，平然として

$$\lim_{n\to\infty} n^2 - \lim_{n\to\infty} n = \infty - \infty = 0$$

などとやるようでは困ってしまいます[*]．

けれども，この章でたっぷりとご説明したように，無限といっても大きさには無数の段階があるし，それに，部分が全体と同じ大きさを持っていたり，無限どうしをかけ合わせた結果が同じ大きさの無限であったり，有限の世界では起らない珍事がつぎつぎと起ってひとを驚かすのですから，「無限」をひとつの数と思ってはいけません．むしろ，ひとつの「状態」と考えるほうがよほどましです．

---

[*] ∞ をふつうの数のように演算をしてはいけないことについては，『数のはなし』118 ページあたりをどうぞ．

それにしても，無限というのは奇妙な世界です．ギリシアの昔は無限をタブーとして排斥していたし，ガリレオが無限どうしの大小を比較することをあっさりと諦めてしまったのも，むりからぬことのように思えます．

　その無限の性質が，とにもかくにも解明できたのは，なんといっても集合論のおかげです．とくに，一対一の対応という精神のおかげですが，この精神が芽生えたのは，もとはといえば無限集合の濃度を比較するところにあったのですから，やはり，集合論あっての無限，または，無限あっての集合論といっても過言ではないかもしれません．

Ⅵ 人はぜひとも死なねばならないか
――論理の基礎コース――

命題の1と0

　ことわざには，遊び的なものも散見されますが，多くは長年にわたって蓄積され濃縮された人生経験のエキスです．ことわざについて寸評したイギリスのことわざにも「ことわざは日常経験の娘である」というのがあるくらいです．ですから，ことわざには処世上の教訓が含まれているにちがいありません．そこで，人生の進路に迷いを生じたとき，なまじありもしない知恵を絞るより，ことわざの教えに従って進路を決めたいと思うのも，また，自然のなりゆきでしょう．ところが，いざ決心をしようとすると，直向(ひたむき)からあい反することわざが少なくないので参ってしまうのです．

　「虎穴に入らずんば虎児を得ず」というから多少の危険は覚悟のうえで大勝をねらうと，「君子，危うきに近寄らず」といなされるし，「先んずれば人を制す」とそそのかされて，その気になると「急いてはことを仕損じる」と冷やかされるし，もう，どうしていいか

危うきに近よらない人は君子なのか？

わからないではありませんか.

ところで,「虎穴に入らずんば虎児を得ず」と「君子, 危うきに近寄らず」とは, 真向からあい反する教訓なのでしょうか. そもそも,「君子, 危うきに近寄らず」ということが真実であるとしたき, 君子ではない人は危うきに近寄るのでしょうか. また, 危うきに近寄らない人は君子なのでしょうか. さらに, 危うきに近寄った人は君子ではないのでしょうか. 同じように, 虎穴に入れば虎児を得るのでしょうか. また, 虎児を得た人は……?

さあ, だんだんと百数十億の脳細胞がざわめきはじめました. このざわめきを抑えるためには, これからしばらくの間, ごいっしょに, この手の珍問と格闘しなければなりません. その手はじめに, 命題という用語を紹介させていただきます. 主語と述語を備えた文章で, きちんとした意味をもっていて, それが真であるか偽であるかが明確に判断できるものを**命題**といいます. たとえば

(1) 天野屋利兵衛は男でござる

VI 人はぜひとも死なねばならないか

(2)　原辰徳は女である
(3)　太陽は東から昇る
(4)　7 - 3 = 8
(5)　自然数集合の濃度は $\aleph_0$ である．

などは，みな命題です．いずれも主語があるし，(1), (3), (5)は真，(2), (4)は偽であることがはっきりしているからです．なお，(4)には主語がない，などといいっこなしです．(7 - 3)は8である．というのですから(7 - 3)が主語に決まっています．また，

　　　sardonyx はめのうのことである

などといわれても，ボクには真偽のほどがわからないから，これは命題ではない，などともいいっこなしです．それは，知らないボクのほうが悪いのであり，sardonyx のせいではありません．

これに対して
(1)　君はだれですか
(2)　こんにちわ
(3)　こいつは，すげーや
(4)　おれの血潮は煮えたぎっている

などは命題ではありません．(1)や(2)は，もちろん真偽の判定対象とはなりませんし，だいいち，主語と述語を備えた文章ではありません．(3)は，すごい光景を見ながら叫んだ言葉なら真，そうでなければ偽，ではないかと思われるかもしれませんが，このように環境条件を勝手に設定しなければ真偽が判定できないこともさることながら，きちんとした意味を持った文章とはいえないので，命題とは認められません．(4)は，文学的表現としては真であるとしても，科学的表現としては偽であり，論理学の立場からは真偽を判定する

対象としてふさわしくないので，命題とはいわないのです．しいて命題として取り扱うなら，科学的立場から偽の命題とでもしなければならないでしょう．

私たちはこれから，命題どうしの関係を調べたり，いくつの命題を組み合わせて展開される論理の成り立ちを調べたりしようとしているのですが，その対象から「こいつは，すげーや」とか「おれの血潮は煮えたぎっている」などのように感動的な表現が排斥されるようでは，人間どうしのコミュニケーションに魂がなくなってしまいそうです．けれども，コミュニケーションの骨格はやはり命題の組合せによる論理の展開であって，感嘆詞や文学的な修飾語はしょせん論理への肉付けにすぎないのですから，魂の件はがまんしなければなりません．

命題は，必ず真か偽かのどちらかです．真と偽の中間であることはないし，真でも偽でもないこともないし，また，同時に真であり偽であることもありません．数学的ないいまわしをするなら，ひとつの命題は必ず真か偽かの値をとります．真と偽を表わす記号としては

$$\begin{cases} 真 = \bigcirc \\ 偽 = \times \end{cases} \qquad \begin{cases} 真 = T \ (True \ の略) \\ 偽 = F \ (False \ の略) \end{cases}$$

$$\begin{cases} 真 = \vee \\ 偽 = \wedge \end{cases} \qquad \begin{cases} 真 = 1 \\ 偽 = 0 \end{cases}$$

など，いろいろなものが使われています．それぞれ，視覚にうったえやすいとか，単語の頭文字だから覚えやすいとかの特長を持っていて，TとFを採用している参考書が比較的多いように思えますが，この本では

Ⅵ 人はぜひとも死なねばならないか

$$\begin{cases} 真 = 1 \\ 偽 = 0 \end{cases}$$

を使うことにします．なぜなら，コンピュータの仕組みと対比しやすいからです．

情を殺して

「君はバカだけど金持ちだね」は賞め言葉で，「君は金持ちだけどバカだね」は侮蔑の言葉だそうです．日本語では，どちらかというと，ほんとうに言いたいのは後ろの言葉であって，前の言葉はその修飾にすぎない，というのです．そういわれてみると，確かにそのような使い方が多いように思えます．けれども，思いやりとか，蔑みの情感を取り除いてみるなら，つまり，論理的にいうなら，これらの2種類のいいまわしは，どっちにしろ

「君はバカだ」 と 「君は金持ちだ」

という2つの命題を連結したものにすぎません．このように2つ以上の命題が連結されたものは**複合命題**または**合成命題**と呼ばれ，単一の命題は**単純命題**または**基本命題**といわれます．

私たちが日ごろ使う言葉において，単純命題が連結されて合成命題となるとき，実にいろいろな連結のしかたがあります．第Ⅰ章で「町会議員の半数はバカです」にまつわるエピソードをいじくり回したいきがかり上，「君はバカです」という命題を使ってしまったのが災いして，また「君はバカ」を使うはめになってしまいました．この「君」は決して読者のみなさんを指してはいませんから，お許しください．さて，

君はバカである

君は金持ちである

という2つの単純命題を連結してみましょう.

君はバカであり,金持ちである ①

君はバカであるが,しかし,金持ちである ②

君は金持ちであるが,しかし,バカである ③

君はバカであるうえに,金持ちである ④

君は金持ちであり,しかも,バカである ⑤

君はバカであるか,または,金持ちである ⑥

君は金持ちであるか,あるいは,バカである ⑦

――まだまだ,たくさんありそう――

このほかにも,「君は金持ちであるならバカである」などというのもありますが,この場合は,いっぽうの単純命題が他方を拘束する形で連結しているので,ちょっと,あとまわしにします.

さて,①から⑦までの複合命題は,2つの単純命題が並列に連結されています.日本語としてはニュアンスの差が少なくありませんが,しかし,本質的にせんじつめてみると2つのグループに分類できそうです.その1つは,2つの命題が

……であり,かつ……(and)

で結ばれているグループで,①,②,③,④,⑤が,これに属します.他の1つは,2つの命題が

……か,または……(or)

で結ばれていて,⑥と⑦がこのグループに属しています.

①〜⑤がすべて

「君はバカであり,かつ,金持ちである」

のグループに属するとわりきることに、いくらか抵抗があるかもしれません。たしかに、②は、君はバカではあるが金持ちだから「いいじゃないか」という感じなのに対して、③は、君は金持ちではあるが、バカだから「しょうがない奴だ」という感じですから、日本語のニュアンスとしては正反対です。それに、②と③からは金持ちが美徳であるという印象を受けるのに対して、④と⑤では金持ちがバカと並んで罪悪として扱われています。

けれども、私たちは命題がからみ合って展開する論理について話を進めようとしているのですから、命題の真偽だけに焦点を絞る必要があります。したがって、「いいじゃないか」とか「しょうがない奴だ」のような感情や、金持ちが美徳か罪悪かというような価値判断は、この際、排除してかからなければなりません。こういう立場から、「君はバカである」と「君は金持ちである」の事実関係だけをきびしく追及すると、①〜⑤は

「君はバカであり、かつ、金持ちである」

であり、⑥と⑦は

「君はバカであるか、または、金持ちである」

に統一されることになります。

4つの論理記号

2つの単純命題の連結は、2つの種類に分類されると書いてきました。そこで、この2種類の連結について性格調査をしようと思います。まず

「君はバカである」 を p

「君は金持ちである」を　q

と書きましょう．もちろん，文章で書かれた命題のままでも調査は進められますが，文章のままでは煩わしいし，それに，数学でもっとも尊重される一般性に欠けてしまうからです．また，命題を表わす記号としては，$p, q, r, \cdots\cdots$などを使うのがふつうです．きっと，proposition（命題）の頭文字 p からアルファベット順に文字を拝借しているのでしょう*．

そして，

　　　……であり，かつ……　(and)

を表わす記号としては∧を，また

　　　……か，または……　(or)

を表わす記号としては∨を用います．すなわち

　　　「君はバカであり，かつ，金持ちである」

を記号で表わすと

$$p \wedge q \tag{6.1}$$

となり，これを命題 p と q の**合接**または**連言**といいます．また，

　　　「君はバカであるか，または，金持ちである」

のほうは

$$p \vee q \tag{6.2}$$

と書かれ，これを p と q の**離接**または**選言**と呼びます**．

話は脇道にそれますが，数学は論旨が整然としているし，クイズ解きの楽しさもありますから，万人に好かれてもよさそうなのに，

---

*　$p, q, r, \cdots\cdots$は，確率を表わす記号としてもよく使われます．こちらは，probability（確率）の p を筆頭に，アルファベットの小文字を借用しているにちがいありません．

VI 人はぜひとも死なねばならないか

現実は必ずしもそうではありません．むしろ逆です．

数学が多くの人に嫌われる第1の理由は，すぐに文字と記号を使った式が現われるからだろうと思います．それは，議論の展開を簡潔にし，議論に一般性を持たせるためにはやむを得ないことなのですが，しかし，式を見ると，とたんに頭が痛くなる人が多いことも，事実です．しかも，頭が痛くなるというのが決して文学的表現ではなく，ほんとに頭痛がするのです．

この本を読んでいただいている方の中にも，$p \wedge q$ や $p \vee q$ が現われたとたんに，軽い頭痛を覚えられた方がいるかもしれません．けれども，今回に限っては，せっかくの反応もムダというものです．なぜかというと，まず，合接だの離接だのという用語は，いますぐ忘れていただいて結構だからです．そして，$\wedge$ と $\vee$ とについては

$\wedge$　は　$\cap$　と同じ

$\vee$　は　$\cup$　と同じ

と思っていただけばいいのですから……．

その理由を確認するために

**　53ページと77ページの脚注に

$A \cap B = \{x \mid x \in A \text{ かつ } x \in B\}$　etc.

のような式が書いてありました．$A \cap B$ という集合は，A に属していて，かつ，B にも属しているような要素 x から成る集合である，という意味ですが，そこに論理記号を使うなら

$A \cap B = \{x \mid (x \in A) \wedge (x \in B)\}$

$A \cup B = \{x \mid (x \in A) \vee (x \in B)\}$

$A - B = \{x \mid (x \in A) \wedge (x \notin B)\}$

ということになります．しろうとさんを驚かすには，もってこいの式ではありませんか．

バカの集合　　を　p

　　　金持ちの集合　を　q

としてみてください．そして，まず，命題 p「君はバカである」と命題 q「君は金持ちである」とがともに真である場合，つまり，

　　　p が 1，　　q が 1

の場合について考えてください．

　命題 p が真ということは，とりもなおさず，君が集合 p に属していることを意味しますし，また，命題 q が真であることと君が集合 q に属することとは同じです．したがって，命題 p と命題 q とが真であれば，君は集合 p と集合 q とに同時に属していなければなりません．いいかえれば，君は集合 p と集合 q との交わり

　　　$p \cap q$

に属しているはずです．逆にいえば，$p \cap q$ に属しているのは

　　　バカであり，かつ，金持ち

の人物ですから，

　　　「君はバカであり，かつ，金持ちである」

　つまり，

　　　$p \wedge q$

が真実であることを物語っています．このように，$\wedge$ は $\cap$ に相当する記号であることが確認できました．

　$\wedge$ が $\cap$ に相当することを百パーセント保証するためには，p と q が 1 のときばかりではなく，どちらかが 0 であったり，両方とも 0 であったりする場合についても考察しないといけないのですが，くどくなるので省略しましょう．また，$\vee$ が $\cup$ に相当する記号であることも同様な考察で確認したいところですが，これも省略しま

す．図 6.1 によって容易に納得していただけるでしょうから……．

ところで，集合論のほうでは 3 種の演算記号，すなわち

∩，∪，‾

を使いこなしてきました．そのうち，∩ が ∧ に，∪ が ∨ に相当するなら，‾ に相当する論理学の記号もあるにちがいありません．そのとおりです．命題を否定するには命題を表わす記号の上に ‾ をつければいいのです*．たとえば

「君はバカである」を p

と書くなら

「君はバカではない」を $\bar{p}$ (6.3)

と書くようにです．そして，$\bar{p}$ が p の**命題の否定**と呼ばれることは，ごく自然でしょう．

論理の世界では $p \wedge q$

$p \cap q$

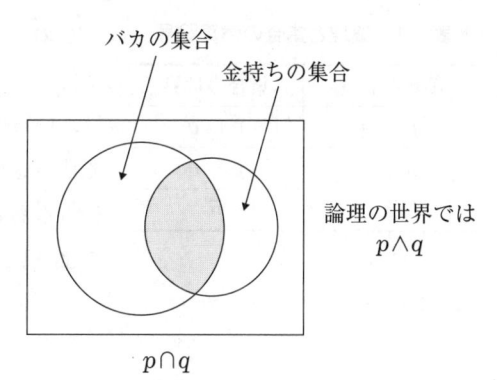

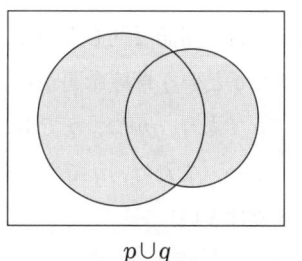

論理の世界では $p \vee q$

$p \cup q$

全体集合は「人間の集合」くらいにすればいいでしょう

図 6.1 ∧ は ∩，∨ は ∪

---

* 否定の記号には，$\bar{p}$ のほか，$\neg p$ も使われます．

表 6.1 論理と集合の演算記号

論理の世界	集合の世界
$p \wedge q$	$p \cap q$
$p \vee q$	$p \cup q$
$\overline{p}$	$\overline{p}$

なお，数ページ前に，「君が金持ちならバカである」のように，いっぽうの命題が前提として他方を拘束するような連結の仕方もあると書きましたが，このように「p ならば q」という形の命題を

$$p \Rightarrow q \tag{6.4}$$

と書き，**命題の条件**と呼びます*．そしてこのとき，p を**仮定**，q を**結論**というところは日常用語と同じなので，ほっとします．

この節では，p と q という単純命題から

$p \wedge q$ （p であり，かつ，q である）	(6.4)と同じ
$p \vee q$ （p か，または，q である）	(6.2)と同じ
$\overline{p}$ （p ではない）	(6.3)と同じ
$p \Rightarrow q$ （p ならば q である）	(6.4)と同じ

という 4 種の複合命題が作られることをご紹介しました．そこで使われる $\wedge$, $\vee$, ¯, $\Rightarrow$ などの記号は，ひとまとめにして**論理記号**といわれています．そして，どのように複雑な論理も，つまるところは，いくつかの命題をこれらの論理記号で結びつけたものにすぎません．

∧はかけ算，∨はたし算

前節の一部と重複するのですが……．命題 p「君はバカである」

---

*　条件の記号としては，$p \Rightarrow q$ のほか，$p \rightarrow q$ も使われます．

と命題 q「君は金持ちである」とがともに真，つまり

　　　p が 1，　　q が 1

の場合は「君はバカであり，かつ，金持ちである」も真，すなわち

　　　$p \wedge q$ は 1

でありました．この関係は，p と q がどのような命題であっても常に成立します．たとえば

　　　$p : (a - b)^2 = (a - b)(a - b)$

　　　$q :$ 太陽は東から昇る

がともに真であれば

　　　$(a - b)^2 = (a - b)(a - b)$ であり，かつ，太陽は東から
　　　昇る

も真，というぐあいにです．

　では，2つの単純命題の値が

　　　p が 1，　　q が 0

の場合には，$p \wedge q$ はどうなるでしょうか．それは，具体例で試してみれば，すぐわかります．こんどは

　　　p を　「$7 - 3 = 4$」

　　　q を　「原辰徳は女である」

とでもしてみてください．

　　　$p \wedge q$ は「$7 - 3 = 4$ であり，かつ，原辰徳は女である」

となりますから，これは間違いです．したがって

　　　$p \wedge q$ は 0

であることが，すぐわかるのです．うるさくいえば，たった1つの例だけで

　　　p が 1，q が 0 のとき　$p \wedge q$ は 0

という一般的な結論を出すなど，とんでもない話なのですが，しかし，この場合に限っていえば，2つの命題が「……であり，かつ……」で連結されていますから，片方の命題が間違っていれば全体も間違っていることは，常識的に明らかです．

したがって，また，同じ理由で

　　　p が 0, q が 1 のとき　$p \wedge q$ は 0

も明らかでしょう．そして，ついでに

　　　p が 0, q が 0 のとき　$p \wedge q$ は 0

も，もんくレス，です．間違った命題が and で連接されれば全体も間違っているに決まっているではありませんか．

以上の結果を一覧表にすると，表 6.2 のようになります．このように，複合命題の真偽が単純命題の真偽によってどう変るかを一覧表にしたものを**真理表**または**真理値表**と呼んでいます*．

ところで，数ページ前に $\wedge$ は $\cap$ に相当すると書いたのですが，ずっと前には $\cap$ はかけ算に相当するとしつこいほど書いてきました．ならば，$\wedge$ もかけ算に相当するにちがいありません．そう思っ

表 6.2　$p \wedge q$ の真理表

p	q	$p \wedge q$
1	1	1
1	0	0
0	1	0
0	0	0

（p と q がともに 1 のときだけ 1）

表 6.3　真理表は演算表と同じ

p \ q	1	0
1	1	0
0	0	0

---

* **真理表**のことを**真偽表**というひともいます．真偽表のほうが表の性格をよく表わしているような感じがしないこともありません．

て，表6.2の真理表をごらんください．

$$1 \times 1 = 1, \quad 1 \times 0 = 0, \quad 0 \times 1 = 0, \quad 0 \times 0 = 0$$

ばっちり，ではありませんか．そこで，$p \wedge q$ は p と q の**論理積**と名付けられています．

ここで，項を改めてひと息入れてもいいのですが，ついでですから，もうひとふんばり頑張ってしまうことにします．こんどは，2つの命題が or で連結された複合命題の真偽について吟味するばんです．

まず，p が1，q が1のとき

$$p \vee q$$

の真偽がどうなるかを具体例で見てみましょう．

「7 − 3 = 4 か，または，太陽は東から昇る」

……か，または……で結ばれているときは，どちらか片方の命題が真でありさえすれば全体としても合格なのに，両方とも真なのですから，全体としては真実すぎるくらい真実です．したがって

p が1，q が1のとき　$p \vee q$ は1

です．

つぎに，p か q の片方が1で他方が0のときはどうでしょうか．その答はすでに6行前に書いてあるのですが，念のためにつぎの複合命題2件を吟味してください．

「7 − 3 = 4 か，または，原辰徳は女である」

「7 − 3 = 8 か，または，太陽は東から昇る」

上のほうは前の命題が真であるために，下のほうは後ろの命題が真であるために，全体として真と判定されます．したがって

p が1，q が0のとき　$p \vee q$ は1

表 6.4 $p \wedge q$ の真理表

p	q	$p \vee q$
1	1	1
1	0	1
0	1	1
0	0	0

(p と q がともに 0 のときだけ 0)

p が 0, q が 1 のとき $p \vee q$ は 1

となります.

最後のケース, p が 0, q が 0 の場合は, こうはいきません.

「7 − 3 = 8 か, または, 原辰徳は女である」

これでは救いようがなく, 全体として偽と判定せざるを得ません. したがって

p が 0, q が 0 のとき $p \vee q$ は 0

という結論を一覧表にしたのが表 6.4 です. これが, $p \vee q$ の真理表と呼ばれることはもちろんです. さて, この真理表をみてください. ∨ は ∪ に相当し, ∪ はたし算に相当しますから, ∨ はたし算に相当するはずと思ってみると, なるほど

$1 + 1 = 1$, $1 + 0 = 1$, $0 + 1 = 1$, $0 + 0 = 0$

となっていますから, ∨ は確かにたし算に相当します. そこで, $p \vee q$ を p と q の**論理和**といいます.

おや, $1 + 1 = 1$ などという不埒なたし算は許されないといわれるのですか. 1 は, 64 ページに書いたように「満額」を意味していると, 寛容な気持ちで許していただきたいのです.

ところで, 少々気になることがありませんか. この節の最初のところで

「7 − 3 = 4 か, または, 太陽は東から昇る」

という例を挙げて, どちらか片方の命題が真でありさえすれば全体としても合格なのに, 両方とも真なのですから, 全体としては真実

VI 人はぜひとも死なねばならないか

すぎるくらい真実です，と書いてありました．けれども，日本語の感覚では

　　　　ワセダか，または，ケイオーを受験する

という場合，ワセダだけを受験するか，ケイオーだけを受験するのであって，ワセダとケイオーの両方を受験するのではない，と解釈するほうがふつうでしょう．ところが，

　　　　父親か，または，母親の頭が良かったにちがいない

という場合には，父親と母親の両方とも頭が良くても差し支えないように感じます．こうしてみると

　　　　p か，または，q　（$p \vee q$）

という表現に「p も q もの場合」を含ませるか否かによって，$p \vee q$ の真偽が変ってしまいそうです．そこで，

　　　「p も q もの場合」を含む　　を　包含的離接

　　　「p も q もの場合」を含まない　を　非包含的離接

と名付けて区別することがあるのですが，ここで明確にしておきたいのは，数学で「……か，または……」というときには，例外なく包含的離接を意味するということです．すなわち

　　　　ワセダか，または，ケイオーを受験する

という命題は，ワセダとケイオーの両校を受験しても「真」であり，この節の最初のところの「片方の命題が真でありさえすれば全体として……」の記述は正しいのです．ちょうど，54 ページの図 3.7 をふりかえっていただくまでもなく

$$♡\text{集合} \cup \text{キング集合は} \begin{Bmatrix} ♡\text{でなく，キングである} \\ ♡\text{であり，キングである} \\ ♡\text{であり，キングでない} \end{Bmatrix} \text{を含む}$$

否定するとどうなるか

∧，∨と話が進んでくれば，つぎは，お察しのとおり ̄です．前と同じように

「君はバカである」を p

として

$\bar{p}$：「君はバカではない」

の真偽を調べてみましょう．君はバカであるとか，ないとか，ずいぶんな例題を使ってしまったものだと後悔しているのですが，途中から「君はリコウである」などと例題を変更するのもしらじらしいので，このまま進むことをお許しください．

pが1，つまり，「君がバカである」が真なら，「君はバカではない」は偽であるに決まっています．で

pが1のとき　$\bar{p}$は0

また，「君はバカである」が偽なら，「君はバカではない」のほうが正しいのも，また，ごく自然です．つまり

pが0のとき　$\bar{p}$は1

したがって，$\bar{p}$の真理表は表6.5のようになります．

表 6.5　$\bar{p}$ の真理表
（pと反対）

p	$\bar{p}$
1	0
0	1

ところで，「君はバカである」を否定するには「君はバカではない」などと気の弱いことを言わずに，決然として「君はリコウである」と断言すればいいでは

ないかと思われる方がいたら、それは間違っています。人間には、バカとリコウしかいないなら、バカの否定はリコウです。けれども、バカとリコウのほかにも、グドンだとかコリコウだとか、いろいろな人間がいるかもしれないではありませんか。したがって、「君はバカである」の否定は「君はリコウである」ではなく「君はバカではない」なのです。ちょうど、「これは赤である」の否定が「これは白である」や「これは、黒である」ではなく、「これは赤ではない」であるようにです。

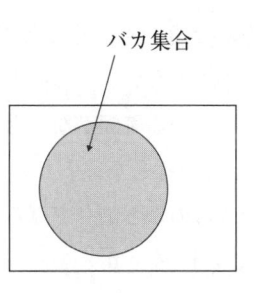

p：君はバカ集合に属している

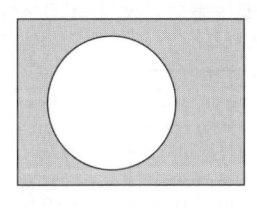

$\bar{p}$：君はバカ集合に属していない

全体集合は人間の集合くらいでいいでしょう

図 6.2　p を否定するには

もう少し数学的にいうなら、「君はバカである」は、君がバカの集合に属していることを意味しますから、それを否定するには、君がバカ集合の補集合に属していることを表現しなければならないので、バカ集合の補集合はバカ以外の集合ですから、どうしても「君はバカではない」でなければ、この場がおさまりません。

つぎへ進みます。私もそうですが、昭和ひと桁生まれは、仕事以外はよろずに不器用だといわれます。英会話がへただとか、カラオケも演歌しか歌えないとか、喜びや悲しみを率直に表現できないとか、もう、こてんこてんです。たしかに、そういわれてみれば、嬉

しいときでも悲しいときでも，ぐっとこらえて，「嬉しくなくもない」とか「悲しくなくもない」くらいの控え目な表現におさえておくのが美徳だと信じている気配がなくもありません．

ところで，「嬉しくなくもない」というような二重否定を論理的にみると，どういうものかと調べてみる気になりました．いま，

「私は嬉しい」 を p

とすると，その否定は

$\bar{p}$：「私は嬉しくない」

です．そして，もう一度，否定すると

$\bar{\bar{p}}$：「私は嬉しくなくはない」

となります．ここで，もし「私は嬉しい」が真，つまり，pが1であるとしたら，$\bar{\bar{p}}$の値はどうでしょうか．この答は少しもむずかしくありません．pが1であれば，表6.5を見るまでもなく，$\bar{p}$は0です．つぎに，$\bar{p}$を新しいひとつの命題，たとえばrとでも考えれば，rが0のとき$\bar{r}$は1です．

表6.6 $\bar{\bar{p}}$の真理表
（pと同じ）

p	$\bar{p}$	$\bar{\bar{p}}$
1	0	1
0	1	0

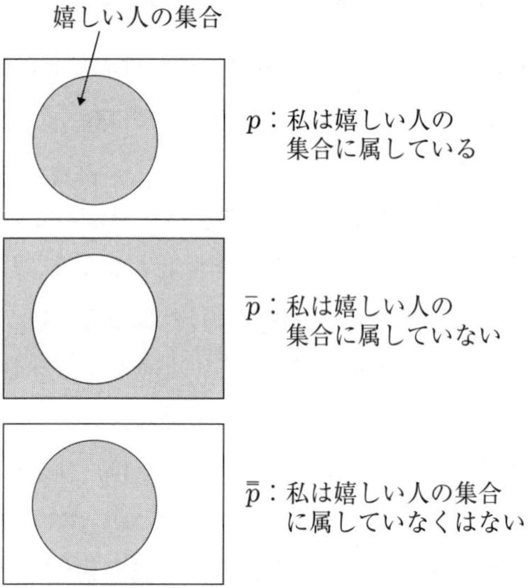

嬉しい人の集合

p：私は嬉しい人の集合に属している

$\bar{p}$：私は嬉しい人の集合に属していない

$\bar{\bar{p}}$：私は嬉しい人の集合に属していなくはない

図6.3 二重否定は肯定

VI 人はぜひとも死なねばならないか

$\bar{r}$ はいうまでもなく $\bar{p}$ のことですから,すなわち,$\bar{\bar{p}}$ は 1,ということになります.二重否定のこのような性質を表 6.6 の真理表にまとめておきました.なんのことはありません.「私としても嬉しくないこともない」などと気どってみたところで,論理学の冷たいメスで虚飾の仮面をはいでみれば,要するに「私は嬉しい」以外のなにものでもないのです.

表 6.6 のように,$\bar{\bar{p}}$ は常に p と同じ値をとります.つまり

$$\bar{\bar{p}} = p$$

であり*,したがって,論理学的にいえば,二重否定は肯定を意味します.そして,この関係は,集合論的にいえば

$$\bar{\bar{A}} = A \tag{3.5}$$

と同じであることは,図 6.3 から読みとっていただけるでしょう.

p ならば q の真偽を考える

集合の場合には,3 種の演算記号,$\cap$,$\cup$,$\bar{}$ でことたりましたが,論理の場合には,$\wedge$,$\vee$,$\bar{}$ のほかに $\Rightarrow$ があるのでした.そこ

---

* $\bar{\bar{p}} = p$ という式は,$\bar{\bar{p}}$ と p とが同じ値であることを意味していますが,$\bar{\bar{p}}$ と p とが同じ命題,つまり同じ文章であるといっているわけではありません.で,論理学では $\bar{\bar{p}} = p$ とは書かずに

　　$\bar{\bar{p}} \Leftrightarrow p$

と書いて,$\bar{\bar{p}}$ と p とは**同値**である,と読みます.つまり,

　　$p \Leftrightarrow q$

と書いてあれば,p と q が同値なのです.けれども,この本では,= のままにしておこうと思います.なんといっても,= は見馴れた親しい記号ですから…….

で，こんどは⇒で結ばれた合成命題の真偽を調べなければなりません．

話を進めていくための題材としては，同様に

　　　p：「君は金持ちである」
　　　q：「君はバカである」

として

　　　$p \Rightarrow q$：「君が金持ちなら，君はバカである」

としましょう．まず，「君が金持ちである」ことが真であり，ついでに「君がバカである」ことも真なら，「君が金持ちなら，君はバカである」は，ごく自然に真ですし，また，「君が金持ちである」のに「君がバカ」でなければ，「君が金持ちなら，君はバカである」は明らかに偽です．つまり，

　　　p が 1, q が 1 なら　$p \Rightarrow q$ は 1
　　　p が 1, q が 0 なら　$p \Rightarrow q$ は 0

です．ここまでは，すんなりと査問が進行します．

　査問がもつれるのは，このつぎです．君が金持ちでなければ，ど

うなるのでしょうか.「君が金持ちなら……」という複合命題は,君が金持ちであるという前提が成立した場合についてしか主張していないのだから,これが偽となるのは,p が真であるにもかかわらず q が偽の場合だけであって,それ以外の場合はすべて真とみなされる……などと突き放している参考書が少なくないのですが,この説明で心から納得できるでしょうか.この理屈に従うなら「原辰徳が女なら,辰徳は女性と結婚する」も「原辰徳が女なら,辰徳は女性と結婚しない」も,ともに真であることになるのですが,後者はともかくとして,前者が真の命題であるとは信じられないではありませんか.

それでは,「君が金持ちなら……」という複合命題は,君が金持ちであるという前提が成立した場合について主張しているのだから,その前提さえ成立しないような命題はすべて偽である,と考えてみたらどうでしょうか.そうすると

「原辰徳が女なら,辰徳は女性と結婚する」

も

「原辰徳が女なら,辰徳は女性と結婚しない」

も,ともに偽であることになります.けれども,辰徳は男性だから女性と結婚するのであり,辰徳が女であれば女性とは結婚しないでしょうから,少なくとも後者は真の命題のようでもあり,弱ってしまいます.

では,

p が 0, q が 1 なら $p \Rightarrow q$ は 0

p が 0, q が 0 なら $p \Rightarrow q$ は 1

とすれば,つじつまが合うのではなかろうかと思うのですが,

「3 < 0 なら，原辰徳は男である」

「3 < 0 なら，原辰徳は女である」

としてみると，前者は半分くらいは真のような感じですし，後者は徹底的に偽のように思えますから，さあ，話がむずかしくなってしまいました．

話をむずかしくしてしまった原因は，どうやら，「君が金持ちである」とか「女性と結婚しない」とか，現象としては生々しく，そのうえ，価値判断のややこしい命題を持ち込みすぎたところにあるようです．論理学は第Ⅰ章で述べたように「数学」ですから，もっと無機的に思索したほうがいいのかもしれません．で，初心にかえって

「p ならば q である」

という命題の意味するところを考えてみると，まず，p という仮定があり，その仮定が成立するなら必ず q という結論がある，いいかえれば，p であるのに q ではないということはない，と主張しているのですから，結局

「p であり，かつ，q ではない，ということはない」

に帰着するようです．つまり，

$$p \Rightarrow q \quad は \quad \overline{p \wedge \overline{q}} \tag{6.5}$$

を意味すると考えるのが冷静な判断です．

ここまでくれば，$p \Rightarrow q$ の真理表をつくるのは，まったく機械的な手続きを踏むだけです．たとえば，

p が 0, q が 1 のとき

$\overline{q}$ は 0 だから（表 6.5 の上段）

$p \wedge \overline{q}$ は 0（表 6.2 の最下段）

Ⅵ 人はぜひとも死なねばならないか

したがって，$\overline{p \wedge \bar{q}}$ は 1 (表 6.5 の下段)

つまり，$p \Rightarrow q$ は 1

というぐあいです．こうして作った $p \Rightarrow q$ の真理表は表 6.7 のとおりです．

表 6.7　$p \Rightarrow q$ の真理表

p	q	$p \Rightarrow q$
1	1	1
1	0	0
0	1	1
0	0	1

この表を見ると，結果的には，$p \Rightarrow q$ という複合命題は p という前提が正立した場合についてしか主張していないのだから，これが偽となるのは，p が真であるにもかかわらず q が偽の場合だけであって，それ以外の場合はすべて真とみなされる……となります．したがって，

「原辰徳が女なら，辰徳は女性と結婚する」

も

「3 < 0 なら，原辰徳は女である」

も真の命題なのです．

これは，現象的にはじゅうぶんに説明できないし，得心もいかないかもしれません．けれども，

$p \Rightarrow q$　は　$\overline{p \wedge \bar{q}}$　　　　　　　　(6.5) と同じ

の意味であるとして，真理表を表 6.7 のように決めると，形式論理学という名の数学体系が少しの矛盾もなく整然と体系づけられるのです．たとえば

$p \Rightarrow p$ は 1

「辰徳が男であれば，辰徳は男である」は　真

「辰徳が女であれば，辰徳は女である」も　真

$p \wedge q \Rightarrow p$ は 1

「辰徳が男であるか漫才師であれば，辰徳は男である」は真

など，常識からみて明らかに真な命題はちゃんと真と判定されるように，です．こういうわけですから，現象的にはじゅうぶん説明がつかなくても，私たちは，$p \Rightarrow q$ は $\overline{p \wedge \overline{q}}$ であると約束することにしましょう．

こういう約束は，数学では決して珍しくはありません．たとえば，
$$a^0 = 1, \quad 0! = 1, \quad {}_nC_0 = 1$$
などと約束するのですが，a を 0 乗するとはどのような行為を意味するのでしょうか．それに，$n!$ は
$$n! = 1 \times 2 \times 3 \times \cdots\cdots \times n$$
のことですが，0! はどのようなかけ算なのでしょうか．そして，n 個から 0 個だけ取り出す組合せとは何でしょうか．現象的にはどうしても得心できませんが，けれども，これらがいずれも 1 に等しいとすれば，数学体系のどこにも波乱が起らずにすんなりと納まるので，このような約束が公認されているのです*．

数学とは，ずいぶん独断に満ちた学問だ，などといわないでください．こういう約束は，世の中にいくらでもあるではありませんか．たとえば，人間の世界では，「右きき」が標準とされていますが，心臓の位置とか盲腸のありかとか，いろいろ理屈を考えてみても，右ききでなければならないほどの決定的な理由はないそうです．つまり，「右ききが標準」は，現象的には得心のいく説明はつかないのです．それにもかかわらず，この約束が公認されているの

---

* $a^0 = 1$, $0! = 1$, ${}_nC_0 = 1$ については，『数のはなし』106 ページ，155 ページ，161 ページに，なぜこのように約束するのかを説明してあります．

Ⅵ 人はぜひとも死なねばならないか

表 6.2 $p \wedge q$ の真理表

p	q	$p \wedge q$
1	1	1
1	0	0
0	1	0
0	0	0

（p と q がともに 1 のときだけ 1）

表 6.4 $p \wedge q$ の真理表

p	q	$p \vee q$
1	1	1
1	0	1
0	1	1
0	0	0

（p と q がともに 0 のときだけ 0）

表 6.5 $\bar{p}$ の真理表

（p と反対）

p	$\bar{p}$
1	0
0	1

表 6.7 $p \Rightarrow q$ の真理表

p	q	$p \Rightarrow q$
1	1	1
1	0	0
0	1	1
0	0	1

は，この約束に従えば，オーブンレンジのダイヤルの回転方向も，はさみの刃の重なりぐあいも，扇子が開く方向も，みんな統一できて大多数の方に利益をもたらすし，しかも不利益はほとんどないのです．

最後に，論理の基本的な演算

$$p \wedge q, \quad p \vee q, \quad \bar{p} \quad p \Rightarrow q$$

についての真理表を一括して掲載しておきました．必要の都度，このページを開いていただければいいように……．

論理の演算法則

おしゃべりが冗長にすぎるせいか，論理学の入口で 20 ページ以

上も費やしてしまいました．これで，やっと応用動作ができる段ど
りが整いました．まず，つぎの2つの合成命題を較べてください．

　　　「原辰徳は男であり，野球の監督か漫才師である」
　　　「原辰徳は男の野球の監督か，男の漫才師である」

心しずかに考えれば，この2つの命題が同じことを意味しているこ
とが，すぐわかるでしょう．そして，

　　　「原辰徳は男である」　　　　　　を　p
　　　「原辰徳は野球の監督である」　　を　q
　　　「原辰徳は漫才師である」　　　　を　r

とするなら

　　　「原辰徳は男であり，野球の監督か漫才師である」

という命題は，p，q，r が

$$p \wedge (q \vee r) \tag{6.6}$$

の形に連結されたものであり，また

　　　「原辰徳は男の野球の監督か，男の漫才師である」

のほうは

$$(p \wedge q) \vee (p \wedge r) \tag{6.7}$$

の形に連結されています．そして，この両者が同じ意味を持つので
すから，この場合に限っていえば

$$p \wedge (q \vee r) = (p \wedge q) \vee (p \wedge r) \tag{6.8}$$

の関係が成立していることになります．

　この式を見て，おやっ，どこかで見たような……とお思いになり
ませんか．そうです．もうだいぶ前になりますが，

$$A \cap (B \cup C) = (A \cap B) \cup (A \cap C) \quad \text{(3.20)と同じ}$$

という式があり，集合 A，B，C の間に「乗法の加法に対する分配

VI 人はぜひとも死なねばならないか

法則」が成立すると書いてあったのです．集合と命題とは兄弟みたいなものですから，きっと，原辰徳の場合だけに限らず，命題どうしの間にも「乗法の加法に対する分配法則」，つまり，式(6.8)が常に成立するにちがいありません．これを確認するには，

p, q, rが1と0

のすべての組合せについて，$p \wedge (q \vee r)$と$(p \wedge q) \vee (p \wedge r)$の値を求めて比較する必要があります．それを実行しているのが表6.8です．見てください．$p \wedge (q \vee r)$と$(p \wedge q) \vee (p \wedge r)$の値はいつもぴったりと同じではありませんか．やはり，式(6.8)はいつも成立するのです．

実をいうと，命題どうしの演算でも，集合どうしの場合と同様に，**交換法則**，**結合法則**，**分配法則**のすべてが成立します．すなわち，

$$p \wedge q = q \wedge p \tag{6.9}$$

$$p \vee q = q \vee p \tag{6.10}$$

$$p \wedge (q \wedge r) = (p \wedge q) \wedge r \tag{6.11}$$

$$p \vee (q \vee r) = (p \vee q) \vee r \tag{6.12}$$

$$p \wedge (q \vee r) = (p \wedge q) \vee (p \wedge r) \quad \text{(6.8)と同じ}$$

$$p \vee (q \wedge r) = (p \vee q) \wedge (p \vee r) \tag{6.13}$$

です．ご自分で確認したい方は，表6.8のような手順で確かめてください．

ついでに，もうひとつ……．集合どうしの演算に，ド・モルガンの法則というのがありました．それは，

$$\overline{A \cap B} = \overline{A} \cup \overline{B} \quad \text{(3.29)と同じ}$$

表 6.8　$p \wedge (q \vee r) = (p \wedge q) \vee (p \wedge r)$ の証明

p	q	r	左辺		右辺		
			$q \vee r$	$p \wedge (q \vee r)$	$p \wedge q$	$p \wedge r$	$(p \vee q) \wedge (p \vee r)$
1	1	1	1	1	1	1	1
1	1	0	1	1	1	0	1
1	0	1	1	1	0	1	1
1	0	0	0	0	0	0	0
0	1	1	1	0	0	0	0
0	1	0	1	0	0	0	0
0	0	1	1	0	0	0	0
0	0	0	0	0	0	0	0

$$\overline{A \cup B} = \overline{A} \cap \overline{B} \qquad (3.30)と同じ$$

のように，A と B をまとめて ‾ を付ける場合と，A と B とのそれぞれに ‾ を付ける場合とでは，$\cap$ と $\cup$ とが逆転するという法則でした．論理の世界でも，まったく同じことです．p と q とをまとめて否定する場合と，それぞれを否定する場合とでは，$\wedge$ と $\vee$ が逆転するのです．すなわち，

$$\overline{p \wedge q} = \overline{p} \vee \overline{q} \tag{6.14}$$

$$\overline{p \vee q} = \overline{p} \wedge \overline{q} \tag{6.15}$$

であり，これも，**ド・モルガンの法則**と呼ばれています．式(6.14)でいうなら

　　　「君は金持ちであり，かつ，バカである　ことはない」

と

　　　「君は金持ちでないか，または，バカではない」

とが同じ，ということですが，合点がいきますか？　合点のいかな

VI 人はぜひとも死なねばならないか

表 6.9 論理と集合と数の演算法則

		論理の世界	集合の世界	数の世界
交換法則	乗法	$p \land q = q \land p$	$A \cap B = B \cap A$	$a \times b = b \times a$
	加法	$p \lor q = q \lor p$	$A \cup B = B \cup A$	$a + b = b + a$
結合法則	乗法	$p \land (q \land r) = (p \land q) \land r$	$A \cap (B \cap C) = (A \cap B) \cap C$	$a \times (b \times c) = (a \times b) \times c$
	加法	$p \lor (q \lor r) = (p \lor q) \lor r$	$A \cup (B \cup C) = (A \cup B) \cup C$	$a + (b + c) = (a + b) + c$
分配法則	乗法の加法に対する	$p \land (q \lor r)$ $= (p \land q) \lor (p \land r)$	$A \cap (B \cup C)$ $= (A \cap B) \cup (A \cap C)$	$a \times (b + c)$ $= (a \times b) + (a \times c)$
	加法の乗法に対する	$p \lor (q \land r)$ $= (p \lor q) \land (p \lor r)$	$A \cup (B \cap C)$ $= (A \cup B) \cap (A \cup C)$	成立しない

い方は，ごめんどうでも68ページの図3.16を借用し，Aは金持ちの集合，Bはバカの集合とみなして「君」の位置を探してください．

さらに，もうひとつ…………．式(6.9)と式(6.10)，式(6.11)と式(6.12)，式(6.8)と式(6.13)，それに式(6.14)と式(6.15)を見較べると，∧と∨とが入れ換わった式が対になって並んでいます．論理演算のこのような性質を，集合のときと同じように，**双対性**(そうつい)といいます．

トートロジーのからくり

この章も，いよいよ最後の追い込みにはいります．あい変らず，金持ちとバカで恐縮ですが，つぎの命題を見てください．

　　　（君は金持ちであるか，または，バカである）か，または，
　　　金持ちではない

文章の途中に(　)をつけるのは美学的には誉められることではないかもしれませんが，なにしろ
　　　ステーキ　か　サラダ　と　パン
では
　　　ステーキ　か　(サラダとパン)
なのか
　　　(ステーキかサラダ)　と　パン
なのか，はっきりしないところが日常用語の泣きどころなので，金持ちとバカの命題にも不粋な(　)をつけさせてもらいました．

さて，この命題の意味をよく考えてみてください．実は，この命題には不思議な性質があります．君が金持ちであろうとなかろう

VI 人はぜひとも死なねばならないか

と,また,バカであろうとなかろうと,この命題は常に真なのです.その事実を文章のままで確認しようと試みるのは,あまり推奨できません.頭がくらくらする危険性があります.そのうえ,脳細胞にそれほど苛酷な労働を強いなくても,習いたての論理学を利用すれば,機械的な単純作業だけで,くだんの命題が常に真であることを証明できるのですから,無理をする必要はありません.

「君は金持ちである」を p

「君はバカである」　を q

とおけば,くだんの命題は

$$(p \vee q) \vee \overline{p} \tag{6.16}$$

で表わされます.あとは,表6.10のような単純作業をしてみると,おやまあ,pとqの値がどうであろうと,この命題は常に真ではありませんか.これで証明は終りですが,目で確かめないと安心できない方のために,ベン図も描いておきました.なるほど,この命題は「君」が全体集合のどこに位置しても真であることがわかって,ご安心いただけたことでしょう.

この命題のように,pやqの真偽にかかわらず常に真となるような命題を**恒真命題**あるいは**恒真式**,または**トートロジー**(tautology)といいます.8ページほど前に

表 6.10 $(p \vee q) \vee \overline{p}$ は常に真

p	q	$p \vee q$	$\overline{p}$	$(p \vee q) \vee \overline{p}$
1	1	1	0	1
1	0	1	0	1
0	1	1	1	1
0	0	0	1	1

金持ちの集合　バカの集合

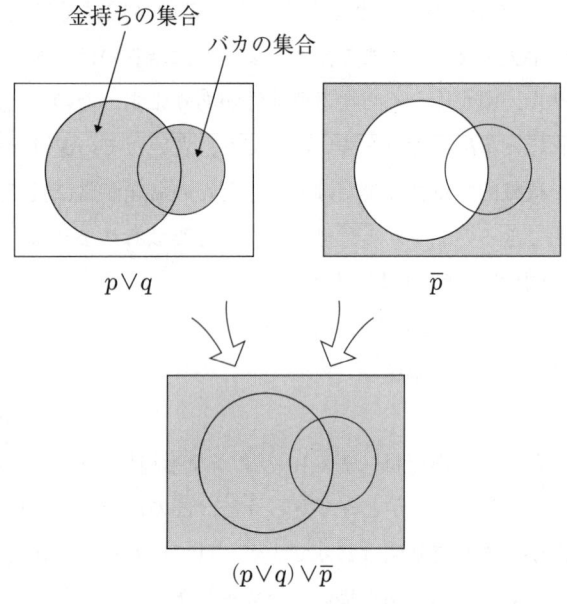

$p \vee q$　　　$\bar{p}$

$(p \vee q) \vee \bar{p}$

図 6.4　$(p \vee q) \vee \bar{p}$ は常に真である

$p \Rightarrow p$ は 1

$p \wedge q \Rightarrow p$ は 1

と書いてありましたが，これらはもっとも単純なトートロジーの例でした．

話が脱線しますが，昔から，どういうわけか占いの人気は衰えることを知りません．占いは世情が不安定な時代に流行するといわれていますが，うらないは裏合から発し，表に現われない裏を知ろうとすることだそうですから，世情が不安定で裏を知らずには生きにくいような時代に流行するのも無理からぬことかもしれません．それにしても，ネオン輝く盛り場の片すみで手相を見てもらっている

VI 人はぜひとも死なねばならないか　　*173*

今宵もトートロジーを語るか？

のが，たいてい若いお嬢さんなのは，どうしたことでしょうか．

　ところで，この手相見の先生方のいうことが外れてばかりいたのでは，いくら占い好きのお嬢さんたちでも，次第に近寄らなくなるはずなのに，同じ場所で同じ占い師がけっこう長く営業をしているところをみると，まんざら外れてばかりいるのではなく，なるほどよく当ると思われているにちがいありません．占い師たちは，どういう手法で占いの的中率を上げているのでしょうか．

　私は，きっと，占い師たちは巧みにトートロジーを語っているのだろうと思っています．たとえば，「あなたは，恋人か親友を失うか，あるいは，めでたく恋を成就されるにちがいありません」というぐあいに……．

私が死なねばならないわけ

　トートロジーのなかで，だれもが知っているのは

$$\{(p \Rightarrow q) \wedge (q \Rightarrow r)\} \Rightarrow (p \Rightarrow r) \tag{6.17}$$

です．こんなトートロジー，見たことも，聞いたこともない，とおっしゃるのですか．いや，そんなことは決してありません．いまにわかりますから，だまされたと思って，しばらく付き合っていただきます．

まず，この命題が p, q, r の値にかかわらず常に真であること，つまり，トートロジーであることを確認しておこうと思います．表6.11 をごらんください．ごちゃごちゃして，むずかしそうに見えますが，$p \Rightarrow q$ は p が 1 で q が 0 のときだけ 0，あとはぜんぶ 1，$p \wedge q$ は p も q も 1 のときだけ 1，あとはぜんぶ 0，という関係を応用しさえすれば，だれでも 10 分くらいで作れる表です．そして，その結果，p, q, r の値がどのように組み合わされても，この命題が真であることが確認できました．

では，この命題に正体を現わしてもらいましょう．

p を 某は人間である

q を 某は生物である

表6.11 $\{(p \Rightarrow q) \wedge (p \Rightarrow r)\} \Rightarrow (p \Rightarrow r)$ はトートロジー

p q r	$p \Rightarrow r$	$q \Rightarrow r$	$(p \Rightarrow q) \wedge (q \Rightarrow r)$	$p \Rightarrow r$	$\{(p \Rightarrow q) \wedge (q \Rightarrow r)\} \Rightarrow (p \Rightarrow r)$
1 1 1	1	1	1	1	1
1 1 0	1	0	0	0	1
1 0 1	0	1	0	1	1
1 0 0	0	1	0	0	1
0 1 1	1	1	1	1	1
0 1 0	1	0	0	1	1
0 0 1	1	1	1	1	1
0 0 0	1	1	1	1	1

VI 人はぜひとも死なねばならないか

r を　某は死ぬ

としてみてください．命題は式(6.17)のままよりも，交換法則によって

$$\{(q \Rightarrow r) \wedge (p \Rightarrow q)\} \Rightarrow (p \Rightarrow r) \tag{6.18}$$

と書き直しておいたほうが，わかりやすいかもしれません．この式に言葉を代入すると

「某が生物であれば某は死ぬ．そして，某が人間であれば某は生物である．そうであるならば，某が人間であれば某は死ぬ」

となります．もう少し日本語らしくするなら，

「(生物は死ぬ．人間は生物である)ならば，人間は死ぬ」

となるでしょう．これは，ご存じの**三段論法**で，アリストテレスが言ったとか言わなかったとかいわれる「すべての人間は死ぬ．私は人間である．ゆえに私は死ぬ」をもじったものです．つまり，見たことも聞いたこともないと思った式(6.17)のトートロジーは，世にも名高い三段論法であったわけです．

そして，これほど論理的に迫られたのでは，人間の仲間である私としても死なないわけには参りますまい．

この章は，「虎穴に入らずんば虎児を得ず」と「君子，危うきに近寄らず」が真向からあい反する教訓なのか，「君子，危うきに近寄らず」が真実であるとして，君子ではない人は危うきに近寄るのだろうか，また，危うきに近寄らない人は君子なのだろうか……など，かずかずの疑問を解こうとしてスタートしたのでしたが，まだ結着を見てはいません．この借りを返すためにも，どうしてもつぎの章へと書き進まなければならないのです．

VII 道理が通れば無理がひっこむ
―――論理の上級コース―――

佳人はみな薄命か

「佳人薄命」ということわざがあります.「美人薄命」のほうがポピュラーで,わたしは美人だから長生きできないわ,と嘆いている心臓娘もいるらしいけど,あいにくなことに,「薄命」は寿命が短いことではなく,幸せが薄いことだそうですから,この娘さんも不幸なまま長い一生を送ることになるかもしれません.

佳人薄命は,すなおな日本語に直すと

　　　　佳人は薄命である

となり,一見,りっぱな命題です.ところが,実は,この命題にはあいまいな点があるので困ってしまいます.どの点があいまいかというと…….

「人間は生物である」というとき,これは明らかに「すべての人間は生物である」を意味しています.けれども,「佳人は薄命である」の場合は,どうでしょうか.

Ⅶ　道理が通れば無理がひっこむ

　　　すべての佳人は薄命である

を意味していると考えるより，

　　　多くの佳人は薄命である

を意味していると考えるほうが当を得ているようにも思えます．幸せいっぱいの佳人だって，決して少なくないからです．そのうえ，「多くの」の程度についても意見が分かれそうです．「多くの」よりは「かなりの」のほうが適しているとか，いや「多少の」か，あるいは「一部の」くらいのほうが現実に合っているとか，なにしろ「佳人」の定義さえ決まっていないくらいですから，容易には意見がまとまりそうもありません．そこで，「多くの」をやめて

　　　ある佳人は薄命である

としましょう．このほうが，すべての程度をカバーできるからです．ところが，

　　　「すべての佳人は薄命である」　　　　　　　　　　(1)

と

　　　「ある佳人は薄命である」　　　　　　　　　　　　(2)

とは，まったく別の命題と考えなければなりません．なにしろ，実態を調査したところ，薄幸な佳人と幸せいっぱいの佳人の両方が発見されたなら，命題(1)は偽，命題(2)は真と判定してしまうからです．

　前の章では，この区別に関してほとんど神経を使いませんでした．それもそのはず

　　　「君はバカである」

　　　「原辰徳は男である」

　　　「3<0」

などは，「君」も「原辰徳」も「3」も，たったひとつしかありませ

んから,「ある……」であるはずがないし, かといって, たったひとつのものに「すべての……」をつける必要もなかったのです. けれども, いつまでも, そうはいっておれませんから, ここで「ある……」と「すべての……」をはっきりさせようと思います.

「すべての佳人は薄命である」と「ある佳人は薄命である」とは別の命題ですが, これらを否定した「すべての佳人は薄命ではない」と「ある佳人は薄命ではない」も, それぞれ別の命題です. すなわち, 佳人が薄命か否かについての命題には, つぎの4つのタイプが考えられます.

  すべての佳人は薄命である　　（全体肯定型）　　(1)
  ある佳人は薄命である　　　　（特殊肯定型）　　(2)
  すべての佳人は薄命ではない　（全称否定型）　　(3)
  ある佳人は薄命ではない　　　（特殊否定型）　　(4)

佳人とは末永く付き合いたいのですが, 数学の世界では佳人ばかりと付き合っているわけにもいかないので, もっと一般的な書き方をするなら

  すべての S は P である　　（全称肯定型）　　(1)
  ある S は P である　　　　（特殊肯定型）　　(2)
  すべての S は P ではない　（全称否定型）　　(3)
  ある S は P ではない　　　（特殊否定型）　　(4)

という4つのタイプの命題がある, といえるでしょう. これら, 4つのタイプの命題を総称して**定言命題**あるいは**定言的判断**と呼んでいます.

4つの定言命題を書き並べるのはわけはないのですが, 一見, なんでもなさそうならこれらの命題が, 実は意外に紛らわしいので

Ⅶ　道理が通れば無理がひっこむ　　**179**

すべてのSはPである

ここに注目

か

あるSはPである

すべてのSはPではない

ここに注目

か

あるSはPではない

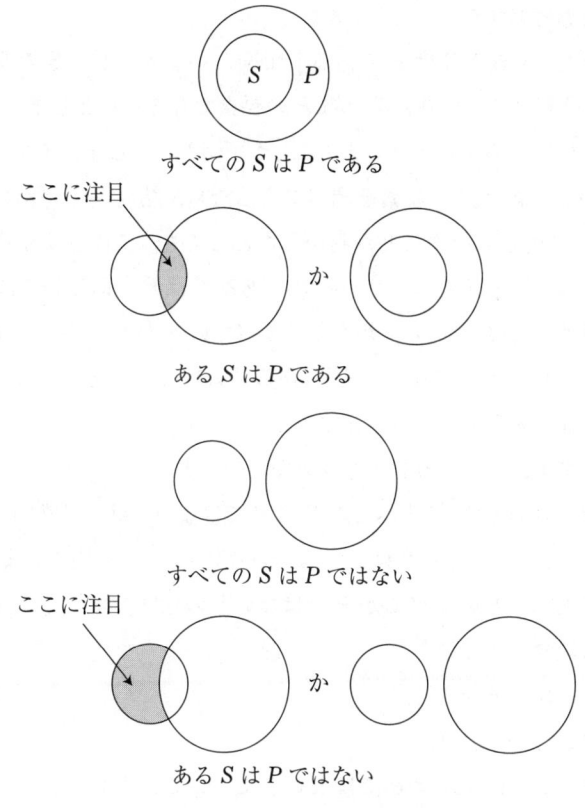

図7.1　4つの定言命題

す．そこで，ひとつひとつ慎重に吟味しておかなければなりません．

まず，「すべてのSはPである」です．この命題だけは少しも紛らわしくありません．図7.1のいちばん上のように，この命題が真であるということは，Sの集合が完全にPの集合に含まれていることを意味しています．しばらくぶりで集合の記号を使うなら

$$S \subset P \tag{7.1}$$

というわけです*.

つぎは,「ある S は P である」です. いまかりに, S の要素を1つだけ調べてみたら, それは P の要素でもあったとしましょう. とたんに, この命題が真であることが証明されてしまいます. そして, つぎつぎと S の要素を調べていったら, 結局 S の要素のすべてが P に属していることが判明したとしても, この証明が崩れるわけではありません. したがって,「ある S は P である」には,「一部の S だけが P である」場合と「すべての S が P である」場合とを含んでいることになります.「ある佳人は薄命である」は, 佳人の中の誰かが薄命でありさえすれば真となり, すべての佳人が薄命であっても, いっこうに差し支えないのです.

つぎへ進みます.「すべての S は P ではない」は, 日常的な日本語としては「すべての S は P とは限らない」ようにも聞こえますが, 論理学では「S のすべてが P ではない」の意味ですから, 図の上から3段めのように

$$S \cap P = \phi \tag{7.2}$$

でなければなりません.

最後は,「ある S は P ではない」です. こんどは S の要素の1つでも P の集合からはみ出ていれば, この命題は真です. 勢い余って S の要素がすべて P からはみ出してしまったからといって偽に変ることは考えられませんから, この命題には, 図のいちばん下のように,「一部の S だけが P ではない」場合と,「すべての S が P ではない」場合とが含まれています.

---

* 式(7.1)は正確を期すなら $S \subseteq P$ と書くのがほんとうですが, 煩わしいので = を省略しました.

「ある S は P である」と「ある S は P ではない」の両方に，それぞれ「すべての S は……」を含めて解釈するからこそ，この2つの命題が異なった命題として存在する意義があります．もし「すべての S は……」を含めないのであれば，「ある S は P である」と「ある S は P ではない」とが，まったく等しい命題になってしまうではありませんか．

もういちど三段論法

前章の最後のほうで

$$\{(q \Rightarrow r) \wedge (p \Rightarrow q)\} \Rightarrow (p \Rightarrow r) \qquad (6.18)と同じ$$

という，ドスの利いた式で素人さんのど肝を抜きながら

　　p：某は人間である

　　q：某は生物である

　　r：某は死ぬ

とするならば，この式は，「(生物は死ぬ，そして，人間は生物である)ならば，人間は死ぬ」という三段論法であると書いてありました．そこで

　　$p \Rightarrow q$ 　(p ならば q)

の意味をもういちど考えてみようと思います．これは，

　　(某は人間である)　ならば　(某は生物である)

ということですが，某が人間のなかの誰であっても差し支えないのですから，いいかえると

　　すべての人間は生物である

ことに外なりません．つまり，この命題が真であれば，図7.2のよ

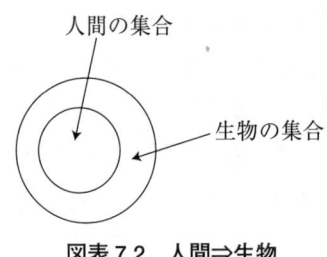

図表 7.2　人間⇒生物

うに，人間の集合が完全に生物の集合に含まれていることを意味します．

同じように

$q \Rightarrow r$　は　すべての生物は死ぬ
$p \Rightarrow r$　は　すべての人間は死ぬ

のことですから，くだんの三段論法は

すべての生物は死ぬ．そして，すべての人間は生物である．ゆえに，すべての人間は死ぬ

ことを意味していて，その関係は図 7.3 のようになります*．

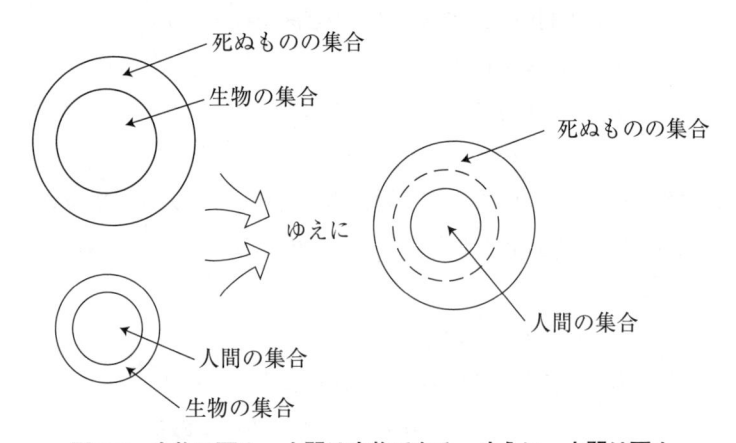

図 7.3　生物は死ぬ　人間は生物である　ゆえに　人間は死ぬ

---

* 「生物」と「死ぬもの」とは同じではないかなどと，固いことをいわないでください．どうしても，こだわる方は，生物集合を表わす円と死ぬものの集合を表わす円とが，ぴったり重なっていると思って，図 7.3 を見ていただいても結構です．

これに対して，
> ある政治家は悪人である．そして，彼は政治家である．ゆえに，彼は悪人である

とか，あるいは，ドラ猫のドラえもんいわく
> すべての人は死ぬ．わがはいは人ではない．ゆえに，わがはいは死なない

などは，三段論法として正しくありません．正しくないことは，ベン図を描いてみても論理の式を作って真偽を調べてみても，容易に証明できます．それにもかかわらず，現実には，この手の論理がもっともらしくまかり通ることがあるから不思議です．

定言命題を否定するとどうなるか

逆もどりするようですが，命題には
> すべての佳人は薄命である　（すべての S は P である）

ある佳人は薄命である　　　　（ある S は P である）

すべての佳人は薄命ではない（すべての S は P ではない）

ある佳人は薄命ではない　　　（ある S は P ではない）

の4つのタイプがあるのでした．そこで，クイズを一問……．

「すべての佳人は薄命である」を否定した命題はなんでしょうか．それは「すべての佳人は薄命ではない」に決まっているなどと軽率に答えないで，きちっと魂を入れて考えていただけますか．

「すべての佳人は薄命である」は，佳人の集合 S が薄命な人の集合 P に含まれている．つまり，

$$S \subset P \tag{7.1}と同じ$$

であることを意味しているのでした．これを否定すれば

$$S \not\subset P \tag{7.3}$$

となり，「S は P に含まれるとはいえない」，すなわち「すべての佳人が薄命であるとはいえない」となります．そしてこれは，図7.4を参照していただきたいのですが，S の円と P の円が完全に離れている場合ばかりである必要はなく，S の円と P の円が部分的に

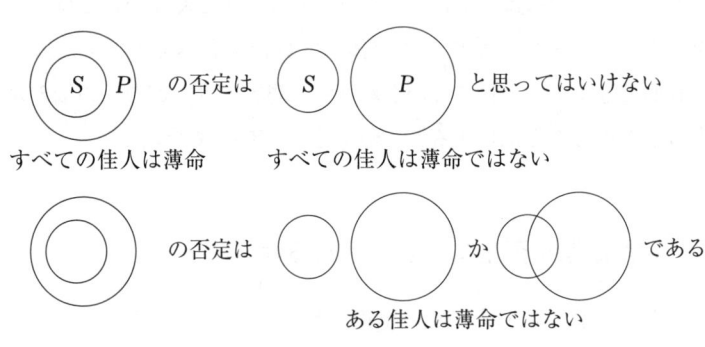

図 7.4　命題の否定はていねいに

Ⅶ 道理が通れば無理がひっこむ **185**

ダブっている場合も該当しますから,この両方を合わせると「ある佳人は薄命ではない」ということになります.これで,「すべての S は P である」を否定すると「ある S は P ではない」になることがわかりました.

2番目のクイズは,「ある S は P である」を否定したらどうなるか,です.そして,そのつぎのクイズは,「すべての S は P ではない」を否定したら……? であり,最後のクイズは,「ある S は P ではない」を否定したら……? という順序で進行するはずですが,実は,最後のクイズの答はすでに出ているのです.なぜかというと,159ページあたりに,ある命題を2回否定するともとの命題に戻る,すなわち

$$\bar{\bar{p}} = p$$

であると書いてあったのを思い出してください.「すべての S は P である」を否定すると「ある S は P ではない」となる以上,それをもういちど否定すれば「すべての S は P である」に戻るにちがいないと,気がつくのです.

2番目のクイズは1番目のときと同様に,ていねいに調べて答を出さなければなりません.けれども,思考過程は1番目のときと大差ありませんから,ごみごみと文章を書くのは省略して,図7.5を見ていただくことにしました.図を見ていただくと,「ある S は P である」と「すべての S は P ではない」とが,互いに否定の関係にあることもわかるでしょう.

これらの関係を,語尾に焦点を絞って整理しておきましょうか.

　　　すべての……である　　$\xrightarrow{\text{否定}}$　ある…………ではない
　　　ある…………である　　$\xrightarrow{\text{否定}}$　すべての……ではない

○でないということは ○ ○か○○である

すべてのSはPである ←―――否定―――→ あるSはPではない

○○か○○でないということは ○ ○である

あるSはPである ←―――否定―――→ すべてのSはPではない

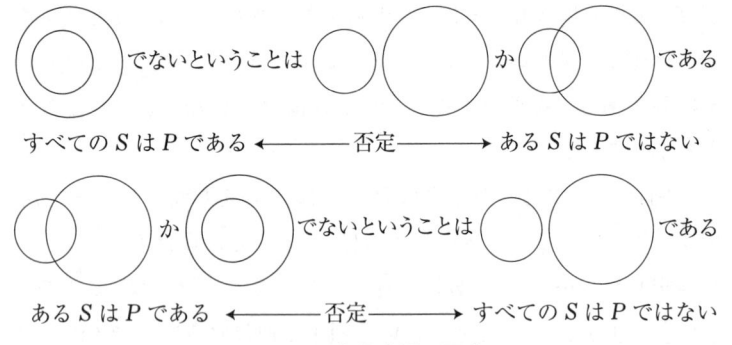

図7.5　定言命題の否定

すべての……ではない　$\xrightarrow{\text{否定}}$　ある…………である

ある…………ではない　$\xrightarrow{\text{否定}}$　すべての……である

というぐあいです．監督さんから，「お前たち，みんな役に立たん奴ばかりだな」と叱られたあとで，監督さんが「ちょっと言いすぎた，いまの発言は取り消す」とあやまったとしても，決して全員が許されたわけではないのです．

ここまでの理屈を振り返ってみると，2つの集合の関係は，

① $S \subset P$　　　　　（S が P に含まれている）
② $S \cap P \neq \phi$　　（S と P が一部分重なっている）
③ $S \cap P = \phi$　　（S と P が離れている）

のどれかで，定言命題には

①　　　　　すべての S は P である
①+②　　　ある S は P である
③　　　　　すべての S は P ではない
②+③　　　ある S は P ではない

の4種類があり，定言命題を否定すると

VII 道理が通れば無理がひっこむ

① ⟵ 否定 ⟶ ②+③

①+② ⟵ 否定 ⟶ ③

の関係があるというわけです．①，②，③の3つの状態があるのですから，①でなければ②か③，①か②でなければ③，というのは，まことにもっともな話です．

ところで，ちょっと気になることがあります．定言命題には

①，①+②，③，②+③

の4種類があるというのですが，このほかにも

② と ①+③

があってもよさそうなものではありませんか．②は S と P とが一部重なっている状態ですから

一部の S に限って P である

ですし，また，①+③は

すべての S は P であるか，または，すべての S は P ではない

となるはずです．そして

② ⟵ 否定 ⟶ ①+③

でなければなりません．こうしてみると，②を定言命題として認めるなら①+③も定言命題として認知しなければならないのですが，①+③は∨で結ばれた合成命題であり，他の定言命題のような単純命題ではないので，定言命題から仲間はずれにされ，そのあおりを喰って②も定言命題の仲間に加えてもらえないのでしょう．

けれども，現実には②，つまり，「一部の S に限って P である」ということも少なくありません．第Ⅰ章で問題にした「議員の半数はバカです」も，明らかに②です．「ある議員はバカです」には「一

```
     議員の集合
        ↘  バカの集合
         ↘  ↙
        (◯)      ではないということは   ◯  ◯   か ◯◯  である

    議員の半数はバカ  ──否定──→  すべての議員は    すべての議員はバカ
                              バカではない
```

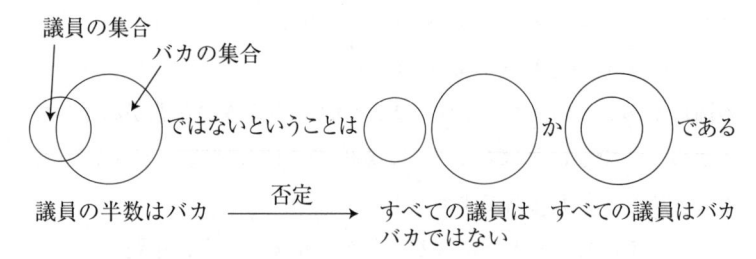

図 7.6　第 I 章の借りを返します

部の議員がバカ」と「すべての議員がバカ」の両方を含むのでしたが，「議員の半数はバカ」なら「すべての議員はバカ」ではないからです．

さて，こうしてみると，第 I 章に，「議員の半数はバカです」を否定するには「すべての議員はバカではありません」か「すべての議員はバカです」と言えばいい，と書いた意味が判然としてきます．なにしろ，図 7.6 のように

　　　　　②　←── 否定 ──→　①＋③

なのですから……．

逆と裏と対偶と

すべての「佳人は薄命」なのだろうか，とか，「議員の半数はバカ」を否定するには，とかいいながら，実は，だんだんと君子が虎穴に近づきつつあるのですが，はて，なにが起ることやら……．

いま，ここに

　　　　p ならば q である　　　$(p \Rightarrow q)$

という命題があるとします．この命題は，p が真で q が偽のときだけ偽，それ以外はすべて真であることは 162 ページで調べたとおり

Ⅶ 道理が通れば無理がひっこむ

ですが，ここでは，真偽のほどはちょっと脇において，とにかく，$p \Rightarrow q$という命題があればいいのです．このとき，pとqとを入れ換えると

$\qquad q$ならばpである　　$(q \Rightarrow p)$

という新しい命題が誕生しますが，これをもとの命題の**逆**といいます．逆はどのような性格なのかと気になるところですが，それはのちほど調べることにして，とりあえず，新し

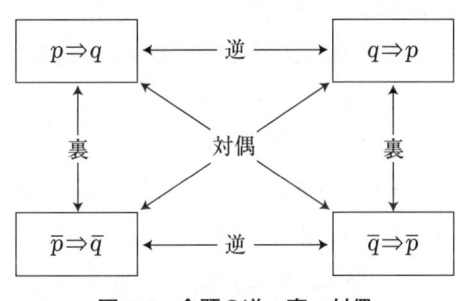

図7.7　命題の逆，裏，対偶

い命題の名称を紹介していきます．図7.7を参考にしながら，しばらくの間，ああ，そういうものかと気楽に読み流してください．

$p \Rightarrow q$という命題のうち，pとqとをそれぞれ否定すると

$\qquad p$でないならばqではない　　$(\bar{p} \Rightarrow \bar{q})$

という新しい命題ができますが，これをもとの命題$p \Rightarrow q$の**裏**といいます．そうすると，逆の裏は

$\qquad q$でないならばpではない　　$(\bar{q} \Rightarrow \bar{p})$

となり，これはもとの命題$p \Rightarrow q$の**対偶**と呼ばれます．対偶は，もとの命題の逆の裏であると同時に裏の逆でもあります．そして，$q \Rightarrow p$と$\bar{p} \Rightarrow \bar{q}$とは互いに対偶の関係にあります．つまり，

$\qquad \left. \begin{array}{l} p \Rightarrow q \ \ と \ \ q \Rightarrow p \\ \bar{p} \Rightarrow \bar{q} \ \ と \ \ \bar{q} \Rightarrow \bar{p} \end{array} \right\}$ は相互に逆

$$\left.\begin{array}{ll} p \Rightarrow q & \text{と} \quad \overline{p} \Rightarrow \overline{q} \\ q \Rightarrow p & \text{と} \quad \overline{q} \Rightarrow \overline{p} \end{array}\right\} \text{は相互に裏}$$

$$\left.\begin{array}{ll} p \Rightarrow q & \text{と} \quad \overline{q} \Rightarrow \overline{p} \\ q \Rightarrow p & \text{と} \quad \overline{p} \Rightarrow \overline{q} \end{array}\right\} \text{は相互に対偶}$$

という関係があります.

ここで, 虎穴に少しだけ近づいてみることにします.

虎穴に入る を p

虎児を得る を q

としましょうか.「虎穴に入る」も「虎児を得る」も主語がないから命題とはいえないのでは……と気になる方は

人は虎穴に入る を p

人は虎児を得る を q

と思っていただいても結構です. こうすると,「虎穴に入らずんば虎児を得ず」は

$\overline{p} \Rightarrow \overline{q}$

で表わされますが, さて, この命題の逆, 裏, 対偶はどうなるでしょうか.

〔逆〕 $\overline{q} \Rightarrow \overline{p}$ 虎児を得なければ虎穴に入らない.

へんな日本語なので, $p \Rightarrow q$ は「すべての p は q である」の意味であったことを思い出しながら, まともな日本語に直すと

虎児を得ない人はすべて虎穴に入っていない

となるでしょう. つぎは, 裏です.

〔裏〕 $p \Rightarrow q$ 虎穴に入れば虎児を得る

これは, わかりやすい日本語ですが, 念には念をいれるなら

虎穴に入った人はすべて虎児を得る

となるでしょう．つぎに

　〔対偶〕　$q \Rightarrow p$　虎児を得た人はすべて虎穴に入っている

というぐあいですが，問題は「虎穴に入らずんば虎児を得ず」が真であるとしたとき，この逆，裏，対偶の真偽のほどは，いかがなものかということです．

逆かならずしも真ならず

　命題の逆，裏，対偶の真偽を調べるのに，「虎穴に入らずんば虎児を得ず」そのものを題材にするのは適当ではありません．なにしろ，この問題を解くのを目標にしてこの章をスタートしたくらいですから，応用問題にふさわしいむずかしさなのです．解き方を見つけるためには，もっと単純明解な題材が望まれます．そこで

　　　　$p \Rightarrow q$

のままで考えてみてください．p と q とはともに命題ですが，同時に p も q も集合とみなしましょう．たとえば，p が「人は虎穴に入る」であるなら，p は「虎穴に入った人の集合」とでもみなしていただくのです．そうすると，$p \Rightarrow q$ は，すべての p が q であるということですから

　　　　$p \Rightarrow q$　が　真

ということは，集合 p の要素がすべて集合 q に含まれること，つまり

　　　　$p \subset q$　か　$p = q$

でなければならず，ベン図に描いてみれば，図7.8のように q の円の中に p がすっぽりと呑み込まれているか，せめて，q と p とが

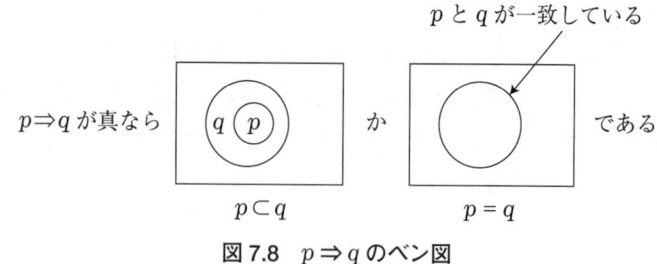

$p \Rightarrow q$ が真なら　$(q\ p)$　か　○　である

$p \subset q$　　　　　$p = q$

図7.8 $p \Rightarrow q$ のベン図

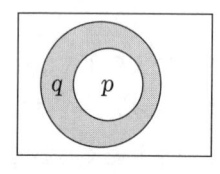

図7.9 逆かならずしも真ならず

ぴったりと等しい大きさでなければなりません.

さて,この場合,$p \Rightarrow q$ の逆,つまり,$q \Rightarrow p$ は真でしょうか.$q \Rightarrow p$ が真であるためには,集合 q の要素のすべてが集合 p に含まれている必要がありますが,図7.9を見ていただくとすぐわかるように,そうはなっていません.図に薄ずみを塗ったように,q に含まれていながら p に含まれない部分が露骨にあるではありませんか.集合 q の要素がすべて集合 p に含まれるのは,たかだか,p と q とが等しい場合に限られています.したがって,$p \Rightarrow q$ が真のとき,その逆命題についていえば

　　$q \Rightarrow p$　は　偽

　　　　ただし,$p = q$ のときに限り　真

という結論になります.逆かならずしも真ならず,というわけです.具体例に応用してみましょうか.「人間は生物である」,これは明らかに真の命題です.このとき,

　　　「生物は人間である」は　偽

であることもまた明らかです.ただし,「人間はヒトである」の場

Ⅶ 道理が通れば無理がひっこむ *193*

合には,ヒトと人間とは同じですから,逆命題「ヒトは人間である」も真です.こうしてみると,「虎児を得ない人はすべて虎穴に入っていない」は偽にちがいありません.虎穴に入りながら虎児を得ないドジな男がいるかもしれないからです.

つぎは,$p \Rightarrow q$ が真であるとして,その裏命題 $\bar{p} \Rightarrow \bar{q}$ が真か偽かを確かめるばんです.やはり,ベン図を頼りにして確かめようと思うのですが,こんどは補集合が相手ですから,いくらか神経を使います.図7.10を見てください.$\bar{p} \Rightarrow \bar{q}$ は,$\bar{p}$ に属するすべてが $\bar{q}$ に属するということですが,図のように,$\bar{p}$ には属するのに $\bar{q}$ には属さないという領域が残ってしまいます.したがって

  $\bar{p} \Rightarrow \bar{q}$ は 偽

   ただし,$p = q$ のときに限り 真

です.裏かならずしも真ならず,というところでしょうか.そして

  「人間でなければ生物ではない」は 偽

なのですが,ここでおもしろいことに気がつきます.もとの命題の逆 $q \Rightarrow p$ が偽と判定された理由は,前ページの図7.9の薄ずみの領域がドーナツ型に残ってしまうからでしたが,図7.10を見ていただくとわかるように,もとの命題の裏 $\bar{p} \Rightarrow \bar{q}$ が偽であると判定された理由も,これとまったく同じです.つまり,逆と裏とはまったく同じ理由によって偽なのです.なるほど,そういえば

  「生物は人間である」と「人間でなければ生物ではない」

とは,ともに人間以外にも,イヌ,クジラ,サンゴ,ヒノキ,サクラ草などなど,たくさんの生物が存在するので偽と判定されてしまうのです.こうしてみると,「虎穴に入れば虎児を得る」も偽と判定せざるを得ません.理由は逆のときと同じく,虎穴に入りながら

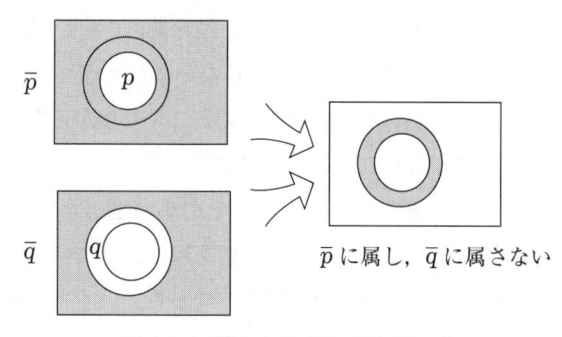

図 7.10 裏かならずしも真ならず

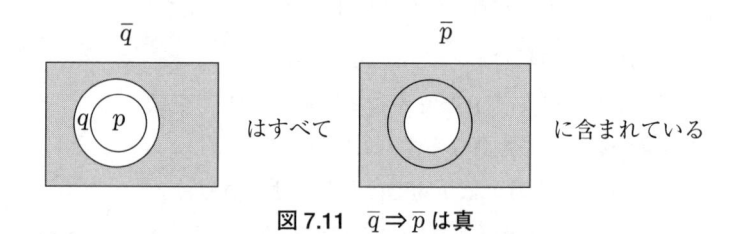

図 7.11 $\bar{q} \Rightarrow \bar{p}$ は真

虎児を得ないドジな男がいるかもしれないからです.

　最後に, $p \Rightarrow q$ が真であるとして, その対偶 $\bar{p} \Rightarrow \bar{q}$ の真偽を調べてこの節をしめくくりたいと思います. さっそく図 7.11 を見ていただきましょうか. $\bar{q}$ の領域は完全に $\bar{p}$ の領域に含まれています. したがって

　　　$\bar{q} \Rightarrow \bar{p}$　は　真

です.「生物でなければ人間ではない」も「虎児を得た人はすべて虎穴に入っている」も真と判定されます.

　やっと終りました. 整理しておきましょう. $p \Rightarrow q$ が真なら

〔逆〕　$q \Rightarrow p$ 〕
〔裏〕　$\bar{p} \Rightarrow \bar{q}$ 〕偽（ただし，$p = q$ のときは真）

〔対偶〕$\bar{q} \Rightarrow \bar{p}$　　真

これが結論です．

食べなければ腹はへらない？

　日本の社会では学歴が偏重されすぎていると言われます．その証拠に 1990 年に 1 度だけ大学進学率が低下したことがありますが，その後は上昇の一途です．そして，あい変らず，うちの子は遊んでばかりいて，叱らなければ勉強しないんだから……と嘆いてばかりいる母親が多いのは，いつの世も同じです．ところが，

「叱らなければ勉強しない」

という命題は

「叱られる」を　p

「勉強する」を　q

とすれば，$\bar{p} \Rightarrow \bar{q}$ という命題です．前節の結論によれば，この命題が真であるなら，その対偶 $q \Rightarrow p$ も真であるはずです．$q \Rightarrow p$ は

「勉強すれば叱られる」

となるのですが，これが真だとすれば子供たちにとって一大事です．

　さらにまた，

「腹がへれば食べる」

は，断食やダイエット中の特例を除いては一般に真の命題です．ところが，この対偶は

「食べなければ腹がへらない」

となり，前節の結論を信用するなら，この命題も真だというのですが，どうにも合点がいかないではありませんか．せっかくベン図まで使って結論を出したのに，その結論がまちがっているのでしょうか．

私たちは「……ならば」を，原因と結果とを結ぶ言葉として使うことが少なくありません．「怠けていれば落第する」とか「腹がへれば食べる」などは，その気配が濃厚です．そのような感覚で「食べなければ腹がへらない」といえば当然のことながら「食べない」という原因が「腹がへらない」という結果を生むと感じて，はてな？と首をひねってしまいます．

けれども，論理学の $p \Rightarrow q$ は，p という原因から q という結果が出るといっているわけではありません．すでに書いたように

「すべての p は q である」

とか

「p であり，かつ，q ではない　ということはない」
という意味であり，ここのところを間違えないように，p を仮定，q を結論と呼ぶのでした．したがって，「叱らなければ勉強しない」の対偶は

「勉強する人は叱られた人である」

のことですし，また，「腹がへれば食べる」の対偶は

「食べない人は腹がへっていない人である」

と書くほうが間違いがありません．

それにしても，$p \Rightarrow q$ を「p ならば q である」と読む習慣になっていますが，この習慣はやめたほうがいいのではないのでしょうか．日本語の語感として，どうしても p という原因から q という結果が生じるように読みとってしまいかねません．「すべての p は q である」とか，せめて「p であれば q である」くらいにすれば，原因と結果の関係という印象がいくらかはやわらぐように思いますが……．

必 要 と 十 分

またまた，$p \Rightarrow q$ で恐縮ですが……．$p \Rightarrow q$ は，すべての p は q である．つまり，p でありさえすれば間違いなく q であることを意味しています．こういうとき，p は q であるための**十分条件**といいます．

これに対して，q は p であるための**必要条件**と呼ばれます．$p \Rightarrow q$ が真であれば，その対偶 $\bar{q} \Rightarrow \bar{p}$ も真なのですが，これは「q でなければ p ではない」ということですから，p であるためには少

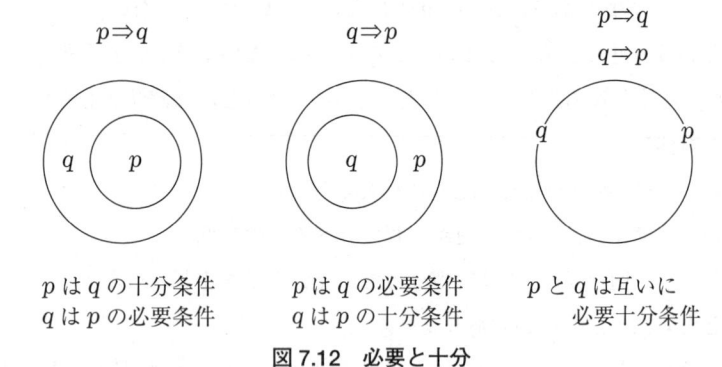

$p \Rightarrow q$ の図

$q \Rightarrow p$ の図

$p \Rightarrow q$, $q \Rightarrow p$ の図

p は q の十分条件
q は p の必要条件

p は q の必要条件
q は p の十分条件

p と q は互いに
必要十分条件

図7.12　必要と十分

なくとも q であることが必要だからです*.

そしてまた，p と q とが等しいときに限って，$p \Rightarrow q$ と $q \Rightarrow p$ とが同時に真ですから，p は q であるための十分条件であると同時に必要条件でもあります．こういうとき，p は q の**必要十分条件**といいます．そして，この場合，q は p にとっての必要十分条件でもあります．

実例でいうならば，「人間なら生物である」は真ですから

　　　「人間である」は「生物である」ための十分条件

　　　「生物である」は「人間である」ための必要条件

です．人間であれば生物としては十分に資格がありますし，また人間であるためには少なくとも生物であることが必要ですから，実感と用語とが小気味よく一致しているではありませんか．また，

　　　「人間である」と「ヒトである」

---

* $(a - b) \Rightarrow (na = nb)$ は真ですから，$(a = b)$ は $(na = nb)$ の十分条件です．しかし，$(na = nb) \Rightarrow (a = b)$ は n が 0 の場合には真とは限りません．したがって，$(na = nb)$ は $(a = b)$ の十分条件ではなく，必要条件です．

とは互いに必要十分条件ですが，これを，当り前ではないかと責めないでいただきたいのです．世間の会話では，普通免許が必要なときに大型免許を持っていると，「必要かつ十分な資格を有し……」などと誇らしげに言うことがあります．必要を上回る十分な資格を有し，というつもりでしょうが，論理学的には正しくありません．

証明は命題の連鎖

やさしいクイズをひとつ……．「魚は卵を生む」と「イルカは卵を生まない」という2つの事実から「イルカは魚ではない」と結論づけるのは正しいでしょうか．

この程度のクイズなら，論理学のお世話になるほどのこともないのですが，せっかくですから

　　　魚である　　　を　p
　　　卵を生む　　　を　q
　　　イルカである　を　r

とおいてみましょう．そうすると

　　　魚は卵を生む　　　　は　$p \Rightarrow q$
　　　イルカは卵を生まない　は　$r \Rightarrow \bar{q}$

となりますが，$p \Rightarrow q$ が真なら，その対偶 $\bar{q} \Rightarrow \bar{p}$ も真です．そして

$$r \Rightarrow \bar{q} \quad と \quad \bar{q} \Rightarrow \bar{p}$$

とが真なら，私たちにとってお気に入りの三段論法が成立します．

$$\{(r \Rightarrow \bar{q}) \wedge (\bar{q} \Rightarrow \bar{p})\} \Rightarrow (r \Rightarrow \bar{p}) \qquad (7.4)$$

$r \Rightarrow \bar{p}$ は，「イルカは魚ではない」のことですから，やさしいクイ

ズの答は「正しい」が，正しいことが判明しました．つまり，

　　　「魚は卵を生む」そして「イルカは卵を生まない」なら
　　　「イルカは魚ではない」

のです*．

　一般に，数学の証明は，このような流れをたどります．たとえば，「三角形の一辺の中点を通って他の一辺に平行に引いた直線は残りの一辺の中点を通る」ことを証明してみましょうか．

　この証明問題は

$$(\triangle abc において, \frac{am}{ab} = \frac{1}{2} であり, かつ, mn // bc) \Rightarrow (an = \frac{1}{2} ac)$$

という命題を証明することに相当します．つまり，

$\dfrac{am}{ab} = \dfrac{1}{2}$　を　p

$mn // bc$　を　q

$an = \dfrac{1}{2} ac$　を　r

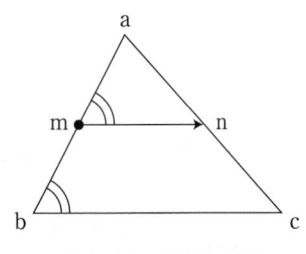

図7.13　証明の例題

---

*　似たようなクイズを2題……．どこが間違っているのでしょうか．
　「魚は卵を生む」そして「コオロギは卵を生む」ゆえに「コオロギは魚である」「鳥は空を飛ぶ」そして「ペンギンは空を飛ばない」ゆえに「ペンギンは鳥ではない」

とするなら

$$p \wedge q \Rightarrow r \tag{7.5}$$

を証明することを要求されていることになります．

この証明は，ふつうはつぎのように進行することでしょう．

$$\text{mn} \mathbin{/\!/} \text{bc} \quad \text{だから} \quad \angle \text{amn} = \angle \text{abc} \tag{7.6}$$

$$\therefore \triangle \text{amn} \infty \triangle \text{abc} \tag{7.7}$$

$$\therefore \quad \frac{\text{an}}{\text{ac}} = \frac{\text{am}}{\text{ab}} \tag{7.8}$$

$$\frac{\text{am}}{\text{ab}} = \frac{1}{2} \quad \text{だから} \quad \frac{\text{an}}{\text{ac}} = \frac{1}{2} \tag{7.9}$$

これで満点なのですが，この証明のストーリーを論理学的な立場から追跡してみたいものです*．そこで

$$\angle \text{amn} = \angle \text{abc} \quad \text{を} \quad s$$

$$\triangle \text{amn} \infty \triangle \text{abc} \quad \text{を} \quad t$$

$$\frac{\text{an}}{\text{ac}} = \frac{\text{am}}{\text{ab}} \quad \text{を} \quad u$$

とおいてください．そうすると

(7.6) は $q \Rightarrow s$

(7.7) は $s \Rightarrow t$

(7.8) は $t \Rightarrow u$

(7.9) は $u \wedge p \Rightarrow r$

となるでしょう．したがって，この証明の流れは

$$\{(q \Rightarrow s) \wedge (s \Rightarrow t) \wedge (t \Rightarrow u)\} \wedge (u \wedge p \Rightarrow r) \tag{7.10}$$

---

* △は三角形を，//は平行を，∠は角を，∞は相似を表わします．

なのですが、このうち { } の中は三段論法の式(6.17)や図7.3を参考にしていただくと

$$\{(q\Rightarrow s)\land(s\Rightarrow t)\land(t\Rightarrow u)\} \Rightarrow (q\Rightarrow u) \tag{7.11}*$$

ですから、式(7.10)は

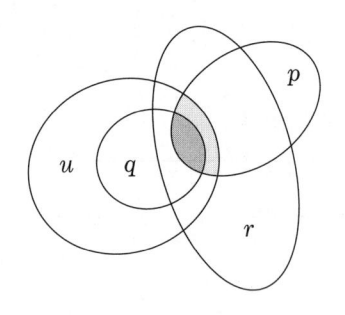

$$(q\Rightarrow u)\land(u\land p\Rightarrow r) \tag{7.12}$$

図7.14　証明のてつだい

となります。そして、$(q\Rightarrow u)$も$(u\land p\Rightarrow r)$も真なら、図7.14からわかるように、

$$(q\Rightarrow u)\land(u\land p\Rightarrow r)\Rightarrow(p\land q\Rightarrow r) \tag{7.13}$$

です。なぜって、uの中にqが含まれていてuとpの交わりがrに含まれているなら、pとqの交わりもrに含まれているにちがい

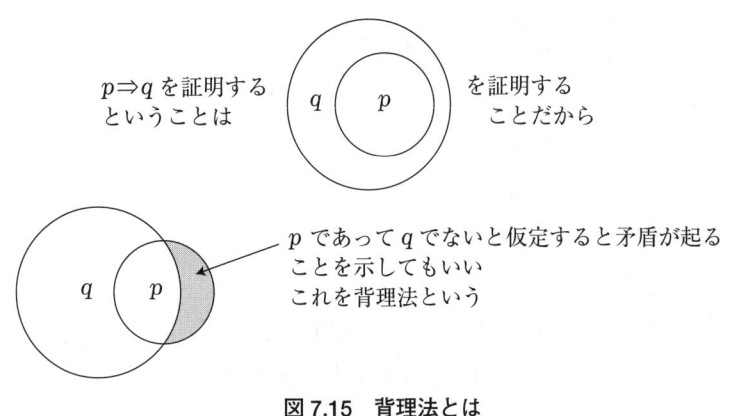

$p\Rightarrow q$を証明するということは　　　を証明することだから

pであってqでないと仮定すると矛盾が起ることを示してもいい
これを背理法という

図7.15　背理法とは

---

* 式(7.11)は、まさに四段論法です。

ないからです．こうして式(7.5)が証明されていることになります．

数学の証明には，いろいろなタイプがありますが，総じていえば，わかりきった事実——たとえば，mn // bc なら∠amn = ∠abc，というような——から出発して，「……ならば……である」という命題を積み重ねて結論に至る行為を「証明」と呼んでいるといえるでしょう．いうなれば，証明とは命題の論理的な有限列のことです．

そういえば，127ページのあたりで，背理法という証明の方法を紹介したのを覚えていらっしゃるでしょうか．背理法は，ある仮定を設けて理論を展開すると仮定そのものを否定するような結論が出てしまうので，仮定が間違っているにちがいないと判定するような証明法のことでした(図7.15)．第Ⅴ章では，これを利用して実数集合の濃度が可算集合の濃度より大きいことを証明したのでした．

この証明法の特徴は，論理学的にいえば，$p \Rightarrow q$ を証明したいときに，「p であって q ではない」と仮定すると矛盾が起ることを証明することによって，間接的に $p \Rightarrow q$ を証明するところにあったことになり，これもまた，命題の有限列にほかなりません．

命 題 関 数

前章では，∧，∨，⇒などで連結された命題の真偽を調べ，この章では，4種の定言命題からスタートして，逆，裏，対偶の真偽を確かめ，ついでに，「証明」へと話を発展させてきました．ここで，ふんどしを締め直して最後の追込みにはいります．

184ページあたりに，「すべての佳人は薄命である」の否定は「す

べての佳人は薄命ではない」ではなく,「すべての佳人が薄命であるとはいえない」であり,それは「ある佳人は薄命ではない」と同じであると書き,図7.4にその意味を図解したりしました.確かに,「すべての女は結婚している」の否定は「すべての女が結婚しているとはいえない」,つまり,「ある女は結婚していない」であるのは実感としても合点がいきます.けれども,「綾瀬はるかは結婚している」の否定が「綾瀬はるかが結婚しているとはいえない」だというのでは不自然ではないでしょうか.この場合は,ずばりと「綾瀬はるかは結婚していない」というほうが正しいように思えます.なぜ,このようなことが起るのでしょうか.

このあたりの事情を,「すべての女は結婚している」を題材にして調べていくことにします.この命題は,181ページに書いたように,

女ならば結婚している

と同じですから

女　　　を　p
結婚ずみ　を　q

とするなら

$p \Rightarrow q$

という形の命題です.そして,この命題が常に真であるためには,p を女集合,q を結婚ずみの集合とみなして

$p \subset q$

でなければならない……というのが,いままでの考え方です.

ところで,p は女の集合ですから,そこには,綾瀬はるかや松たか子も属しているはずです.そして,綾瀬はるかの場合についてい

えば

  綾瀬はるか⇒結婚ずみ　は　0(偽)

ですが，松たか子の場合なら

  松たか子　⇒結婚ずみ　は　1(真)

です．このように，p にどの女性を代入するかによって $p \Rightarrow q$ の値が決まります．これは，ちょうど

$$f(x) = 2x + 3 \quad \text{とか} \quad f(x) = \sin x$$

などの関数の値が，x に数値を代入することによって

$$f(1) = 5 \quad \text{や} \quad f(30°) = 0.5$$

のように決まるのと同じではありませんか．

　そこで p や q のような命題にも，この考え方を取り入れて

$$p(x), \quad q(x)$$

のように書き直し，x をヒトの集合として

  $p(x)：x$ が女である状態

  $q(x)：x$ が結婚している状態

と考えることにしましょう．そうすると

  $p(松たか子) = 1, \quad p(原辰徳) = 0$

  $q(綾瀬はるか) = 0, \quad q(松たか子) = 1$

のように，x に特定のヒトを代入すれば $p(x)$，$q(x)$ の値が決まります．つまり，$p(x)$，$q(x)$ の値は x の関数になっています．したがって，このような $p(x)$，$q(x)$ が**命題関数**と呼ばれるのは，ごく自然です．

　$p(x)$ と $q(x)$ が命題関数なら

$$p(x) \Rightarrow q(x)$$

が命題関数であることは当然です．x にいろいろなヒトを代入して

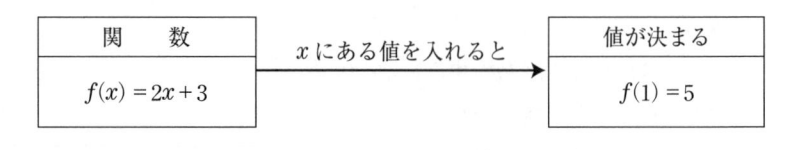

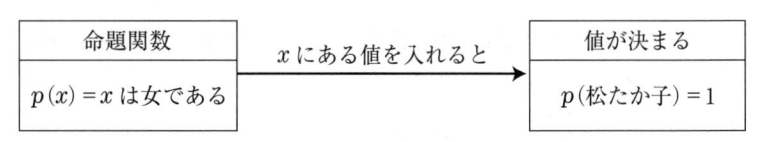

関　　数	→ xにある値を入れると →	値が決まる
$f(x) = 2x+3$		$f(1) = 5$

命題関数	→ xにある値を入れると →	値が決まる
$p(x) = x$は女である		$p(松たか子) = 1$

図 7.16　関数と命題関数

みてください．

　　　　$p(松たか子)　 \Rightarrow q(松たか子)$　　　は　1

　　　　$p(綾瀬はるか) \Rightarrow q(綾瀬はるか)$　　は　0

つぎは，ちょっと首をひねっていただきます．

　　　　$p(原辰徳) \Rightarrow q(原辰徳)$

の値は 1 でしょうか，0 でしょうか．おわかりにならない方は，163 ページの表 6.7 を見てください．

　数の世界でも，関数関係と，それに特定の値を代入したときの値どうしの関係とは，はっきりと区別して理解されなければなりません．たとえば

　　　　$f(x) = \sin x$　と　$\sin 30° = 0.5$

の意味がはっきりと区別できないようでは困ります．同じように論理の世界でも

　　　　女ならば結婚している

という命題と

　　　　松たか子　ならば　結婚している

という命題とが，はっきりと区別して理解されなければなりませ

ん．つまり，「女ならば結婚している」という命題は

$$p(x) \Rightarrow q(x)$$

で表わされ，x に特定の人名を代入してみないことには真偽のほどがわからず，代入する女によっては真になったり偽になったりしますから，その否定は「女なら結婚しているとはいえない」になってしまいます．

これに対して，「綾瀬はるかは結婚している」のほうは

$$p(綾瀬はるか) \Rightarrow q(綾瀬はるか)$$

となっていて，すでに関数ではなく，ある値どうしの関係ですから，この命題が真なら，それを否定した命題は偽，この命題が偽なら，それを否定した命題は真というぐあいに，まことに直截です．したがって，「綾瀬はるかは結婚している」の否定は，ずばりと「綾瀬はるかは結婚していない」と断言すればいいわけです．

∀と∃とでおおさわぎ

前節の説明によると

$$p(x) \Rightarrow q(x)$$

という命題関数では，x に特定の人名を代入してみなければ真偽のほどがわからない，と書いてありました．けれども，181 ページあたりには

$$p \Rightarrow q$$

は，「すべての p は q である」という意味の命題であると書いてあったではありませんか．そうすると，$p(x) \Rightarrow q(x)$ は，すべての x について成立する場合だけ「真」ではないかと疑問が湧いてきそ

うです．ここのところを，もう少し明確にしなければなりません．

そこで，∀と∃という愉快な記号を導入します．まず，∀はドイツ語の alle (すべての) の頭文字をひっくり返した記号で，**全称記号**と呼ばれ，「すべての」を意味します．そして

$\forall x p(x)$　　　　　　　「すべての x に対して $p(x)$」と読む

$\forall x \{p(x) \Rightarrow q(x)\}$　　「すべての x に対して，$p(x)$ ならば $q(x)$」と読む

というように使います．∀という記号そのものはユーモアに満ちていますが，しかし，やはり記号のら列だけでは実感が湧きませんから，実例に応用してみることにします．あいかわらず，x をヒトの集合と考えて

　　$p(x) : x$ が女である状態

　　$q(x) : x$ が結婚している状態

とするなら，$p(x)$ や $q(x)$ は，x に代入する人名によって 1 か 0 かの値が決まりますから命題関数です．これに対して，

　　$\forall x p(x)$

は，「すべての x に対して $p(x)$」すなわち「すべてのヒトは女である」を意味しますから，はっきりと 0 であり，命題関数ではなく，真偽の明らかな定言命題です．また，

　　$\forall x \{p(x) \Rightarrow q(x)\}$

は「すべての x に対して $p(x)$ なら $q(x)$」すなわち「すべてのヒトについて，女ならば結婚している」を意味する偽の命題です．

いっぽう，∃はドイツ語の existieren (存在する) の頭文字をひっくり返した記号です．E は上下にひっくり返しても姿が変らないのでやむなく左右にひっくり返したのでしょう．それなら∀のほう

も上下にではなく左右にひっくり返せばよさそうなものですが，A は左右にひっくり返してもだれも気がつきませんから，上下にひっくり返すほかなかったのでしょう．苦心の跡がしのばれます．

さて，∃は**存在記号**と呼ばれ，名前のとうりに「存在する」を意味します．そして

$\exists\, x p(x)$　　　　　「$p(x)$ となるような x が存在する」と読む

$\exists\, x \{p(x) \Rightarrow q(x)\}$　　「$p(x)$ ならば $q(x)$ であるような x が存在する」と読む

というぐあいに使うのです．

ところで，$\exists\, x p(x)$ は「$p(x)$ となるような x が存在する」ことですが，私たちの例でいうなら，これは「女であるようなヒトが存在する」すなわち「あるヒトは女である」となります．同じように，$\exists\, x \{p(x) \Rightarrow q(x)\}$ に私たちの例をあてはめるなら，「女ならば結婚しているようなヒトが存在する」すなわち「ある女のヒトは結婚している」となり，明らかに真の命題です．決して命題関数ではありません．そして，∃は「在る」を表わす記号ですが，うまいことに「或る」を表わしていると考えてもよく，語呂が一致しているところがおもしろいではありませんか．

185ページあたりで，4種の定言命題を否定すると

　　すべての……である　　$\xrightarrow{\text{否定}}$　　ある…………ではない
　　ある…………である　　$\xrightarrow{\text{否定}}$　　すべての……ではない
　　すべての……ではない　$\xrightarrow{\text{否定}}$　　ある…………である
　　ある…………ではない　$\xrightarrow{\text{否定}}$　　すべての……である

となると書いてありましたが，∀と∃を使えば，これらは，

$$\overline{\forall\, xp(x)} = \exists\, x\overline{p(x)} \tag{7.14}$$

$$\overline{\exists\, xp(x)} = \forall\, x\overline{p(x)} \tag{7.15}$$

$$\overline{\forall\, x\overline{p(x)}} = \exists\, xp(x) \tag{7.16}$$

$$\overline{\exists\, x\overline{p(x)}} = \forall\, xp(x) \tag{7.17}$$

と書くことができます．蛇足だとは思いますが，いちばん最後の式 (7.17) の意味だけでも解説しておきましょうか．「ある x は $p(x)$ という状態ではない」をまとめて否定すると「すべての x は $p(x)$ という状態である」となる……と，この式は物語っています．

最後に応用問題をひとつ…….

$$\forall\, x\,\{p(x) \Rightarrow q(x)\} \tag{7.18}$$

を否定すると，どうなりますか．まず

$$\{p(x) \Rightarrow q(x)\} = r(x) \tag{7.19}$$

とおきます．そうすると，式 (7.14) のまねをして

$$\overline{\forall\, xr(x)} = \exists\, x\overline{r(x)} \tag{7.20}$$

が得られます．つぎには $r(x)$ を求めなければなりません．そこで，162 ページをめくって，冷静な判断のもとに

$$p \Rightarrow q = \overline{p \wedge \overline{q}} \qquad \text{(6.5) と同じ}$$

としたことを思い出していただきたいのです．この判断によって

$$p(x) \Rightarrow q(x) = \overline{p(x) \wedge \overline{q(x)}} = r(x)$$

であり，これをもういちど否定すると

$$\overline{r(x)} = \overline{p(x) \Rightarrow q(x)} = p(x) \wedge \overline{q(x)} \tag{7.21}$$

が得られます．これらを式 (7.20) に代入してください．

$$\overline{\forall\, x\{p(x) \Rightarrow q(x)\}} = \exists\, x\{p(x) \wedge \overline{q(x)}\} \tag{7.22}$$

となり，めでたく答に到達いたしました．

答はでましたが，このままでは，なんのことやらさっぱりわからず，おもしろくもなんともない，とおっしゃるのですか？　式(7.22)を具体例でいうなら，「すべての女は結婚している」の否定は「ある女は結婚していない」であることを意味しています．左辺は，「すべてのヒトについて女なら結婚している」をまとめて否定した式ですし，右辺は「女であって，かつ，結婚していないヒトが存在する」を表わしているからです．

∀や∃は，数学の記号としては，ずいぶん愛嬌のあるほうですが，これでも，こんな記号が，ごてごてと並ばれると偏頭痛が起こり，イエモンどの，うらめしやー，と叫びたくなります．けれども，「すべての女は結婚している」の否定が「ある女は結婚していない」という程度の議論をしているうちは，言葉で論理のすじみちをたどっていけますが，もう少し複雑な議論になると，∀や∃も使って命題の中身を厳密に表現しないと正確な論理展開ができなくなってしまいます．したがって，心ならずも∀や∃を使って論理のすじみちを追うことになります．このように，数式の運算のように記号を遠慮なく使いながら，論理の成り立ちを解明してゆく学問なので，**数理論理学**あるいは**記号論理学**と呼ばれているのです．

これでこの章は終りなのですが，とうとう借りをひとつ残してしまいました．「虎穴に入らずんば虎児を得ず」と「君子，危うきに近寄らず」とが真向からあい反する教訓だろうかという疑問に，まだ答えていないのです．けれども，この疑問は論理学の力では解けそうもありません．その証拠に

　　　虎穴に入る　　　を　p
　　　虎児を得る　　　を　q

君子である　　を　r

危うきに近寄る　を　s

とすると,「虎穴に入らずんば虎児を得ず」は

$$\overline{p} \Rightarrow \overline{q}$$

であり,「君子, 危うきに近寄らず」のほうは

$$r \Rightarrow \overline{s}$$

なのですが, この 2 つの命題にはまったく共通項がなく, これでは両者を比較する手掛りがまったくないではありませんか. けれども, もし,「虎穴に入る」と「危うきに近寄る」とが同一の事実を表現しているという認識にたつなら, 2 つの命題は

$$\overline{p} \Rightarrow \overline{q} \quad \text{と} \quad r \Rightarrow \overline{p}$$

になり, おなじみの三段論法によって

$$r \Rightarrow \overline{q}(君子は虎児を得ず)$$

という奇妙なことわざができてしまいます. そして, 君子であるべきか, 虎児を得るべきか, ハムレットに似た悩みに胸を痛めるはめになるのです.

VIII はたして真実があるのか
―― 集合のパラドックス ――

論理演算とスイッチ回路

　この本のいちばん最初のほうで,「この町の議員の半数はバカだ」と失言して陳謝する羽目になった議員さんが,「ただいまの失言を取り消します. 議員の半数はバカではありません」と謝ったというウソのようなホントの話をご紹介したころには, 多くの方が, 千里の道も一歩から, とはいうものの, こんな無駄話に付き合っていたのでは, いつになったら論理や集合の真髄に触れられるのかと不安を抱かれたかもしれません. そして, ちんたらちんたらと冗舌な話に耐えながら半分近くも読み進んでも, まだ, 自然数集合は, たし算とかけ算について閉じているとか, 釣道具の集合には潜水艦や田中マー君は属していない, などと書いてあるのを見て, 日暮れて道遠しと嘆かれた方も少なくないでしょう.

　けれども, その後, 集合論を利用して「無限」の持つ, 文字どうり限りのないロマンの一端にも触れましたし, 命題という名の判断

どうしの間にも演算が行なわれ，それによって証明や議論が進行することも知りました．手前みそかもしれませんが，まあまあの収穫があったと思っていただけないでしょうか．そして，千里の道もあと僅かを残すのみとなり，どうやらゴールも見えてきたようです．ゴールまでの僅かな区間を利用して論理や集合にまつわるいくつかの話題を提供して，パンチアウトにしたいと思います．

その手はじめに，論理の演算をする電気回路を作ってみます．基本的な論理の演算には，$\land$，$\lor$，$\overline{}$，$\Rightarrow$ の 4 種類があり，どのように複雑な論理の展開もこれらの組合せにすぎないのですから，まずは，この演算を受け持つスイッチ回路を作りましょう．

図 8.1 が，そのスイッチ回路です．スイッチは，この図で下方へ押し下げたときに 1，上方へ引き上げたときに 0 と約束し，また，回路に導通ができたときは 1，導通が切れたときは 0 とみなします．

いちばん上の図は，$p \land q$ の回路です．p スイッチと q スイッチがともに押し下げられたときだけ，つまり，p が 1，q が 1 のときだけ回路に導通ができ，$p \land q$ の回路が 1 となります．

2 番目の図が，$p \lor q$ の回路で，こんどは p か q かのどちらかが 1 でありさえすれば回路は 1 の値を示すことがわかります．$p \land q$ が直列なのに対して $p \lor q$ が並列であるところが特徴といえるでしょう．

3 番目の $\overline{p}$ 回路は，とくに申し上げることもありません．おもしろいのは，4 番目の $p \Rightarrow q$ の回路です．ほんとうは，この回路をこのページには描かずに，「p が 1，q が 0 のときだけ断で，それ以外はすべて通になるような回路を作れ」というクイズにしたかったくらいです．そうすれば，多くの方が直列と並列を組み合わせたり，

Ⅷ　はたして真実があるのか

p	q	$p \wedge q$
1	1	1
1	0	0
0	1	0
0	0	0

p	q	$p \vee q$
1	1	1
1	0	1
0	1	1
0	0	0

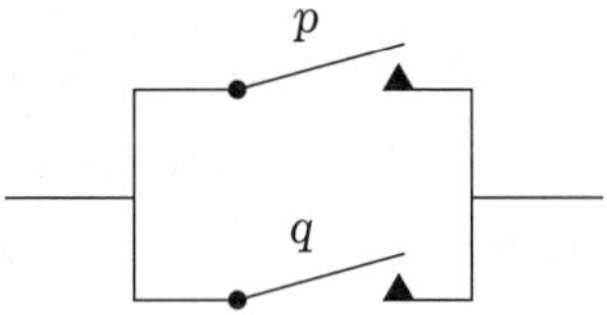

p	$\bar{p}$
1	0
0	1

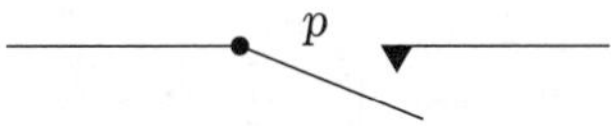

p	q	$p \Rightarrow q$
1	1	1
1	0	0
0	1	1
0	0	1

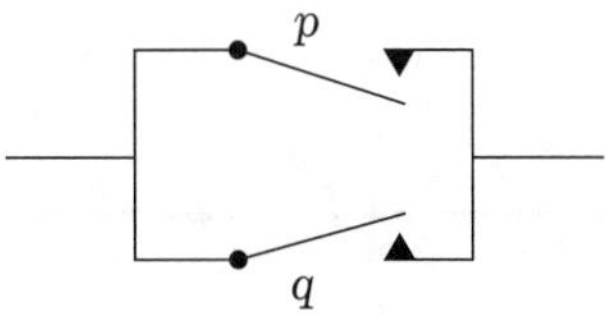

図 8.1　論理演算とスイッチ回路

いくつかのスイッチを連動させたりする珍案を作られたにちがいありません．コロンブスの卵のように鮮やかな答を図示してしまったりして，ほんとうに惜しいことをしました．

$p \Rightarrow q$ の回路は，もちろんあれやこれやと試行錯誤を繰り返しているうちに気がつくこともありますが，せっかく論理を学んだのですから

$$p \Rightarrow q = \overline{p \wedge \bar{q}} \qquad\qquad (6.5)と同じ$$

を手掛かりに回路を設計したいものです．この式の右辺にド・モルガンの法則*を適用すると

$$\overline{p \land \overline{q}} = \overline{p} \lor \overline{\overline{q}} = \overline{p} \lor q \tag{8.1}$$

となりますから，つまり

$$p \Rightarrow q = \overline{p} \lor q \tag{8.2}$$

です．したがって，この演算を行なう回路は，$\overline{p}$(3番目の回路)とqのスイッチを並列に結線すればいい……と気がつくのです．

実際問題として，pとかqとかが論理記号で結ばれた式のままで考えるより，スイッチ回路に直してみたほうが式の内容が実感として理解できることが少なくありません．たとえば，171ページに

$$(p \lor q) \lor \overline{p} \qquad (6.16)と同じ$$

という式がありました．これは，「君は金持ちかバカか，または，金持ちではない」というたぐいの命題でした．真か偽かと，ちょっと首をかしげてしまいそうです．けれども，この命題をスイッチ回路に描き直してみてください．まず，pとqとで並列回路を作り，それをさらに$\overline{p}$と並列に結線すればいいはずですから，式(6.16)のスイッチ回路は，図8.2のようになります．図の中で，pのス

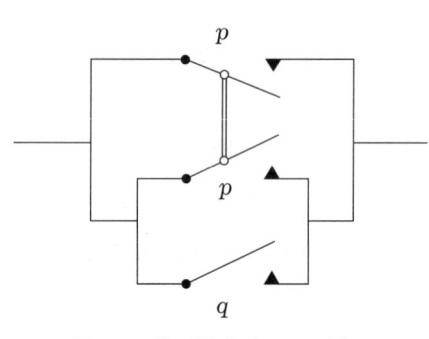

図8.2 目で見るトートロジー

---

* ド・モルガンの法則のうち
$$\overline{p \land q} = \overline{p} \lor \overline{q} \qquad (6.14)と同じ$$
を適用してください．

イッチ2個が2本線で結ばれているのは、2個のスイッチが連動することを表わしています。

この回路を見ていただきましょう。pスイッチを1にすれば、つまり下方へ押し下げれば、中段のpスイッチが接続するために回路は通になります。そして、pスイッチを0にすれば、つまり上方へ引き上げれば、上段のpスイッチが接続するために回路が通になります。すなわち、pが1でも0でも、この回路の値は1であり、したがって、式(6.16)の命題はトートロジーなのです。そして、qは1だろうと0だろうと、この命題の真偽にはなんの影響も及ぼさないことがわかります。「君は金持ちかバカか、または、金持ちではない」という命題において、「バカか」は真偽にまったく無関係であることが、スイッチ回路を描いてみると見破れるではありませんか。

話は脇道にそれますが、コンピュータの起源は数値を記憶したり、簡単な計算をするためのソロバンだといわれています。その後、パスカル(1623〜1662)やライプニッツ(1646〜1716)によって歯車やカムなどを利用した機械的な計算機が作られ、長い期間をかけて徐々に改良されたものが、タイガー計算機などの商標で1970年頃まで生産され、あちらこちらの実験室や事務室で活躍していたものでした。

いっぽう、19世紀末になると歯車やカムなどの代りにスイッチ回路を使った電気的な計算機が誕生し、これが現在コンピュータと呼ばれる電子計算機へと発達して、機械的な計算機を完全に駆逐してしまうのですが、しかし、20世紀なかばまでの電気的な計算機は、ほんとうに図8.1のようなスイッチ回路の組合せで作られてい

て，実際にスイッチをバタバタと作動させて計算を行なっていたようです．そうであれば，スイッチ回路を使った電気的な計算機には論理演算ができる理屈ですし，ましてや，それをもっともっと巧みに改良した現在のコンピュータに論理演算ができないはずはありません．いや，論理演算こそ，コンピュータ機能の ABC といってもいいくらいです．

ここに，コンピュータと論理計算の相性の良さがあります．コンピュータの仕組みを解説するときがそうであるように

　　　真　を　1
　　　偽　を　0

とした理由がここにあるのです．

関 数 と 集 合

第Ⅰ章のおわりのほうに，つぎのようなことが書いてありました．「……よく考えてみると，数学のいろいろな分野，つまり数，関数，確率，統計，論理，図形などなどを対象として発達してきたほとんどすべての分野が，集合論という共通の基礎の上に整理すると，うまく体系づけられることに気がついた……」のが，集合という用語が 1968 年ごろに突如として小・中学校の教科書にまで登場して世の親たちのど肝を抜いた理由のひとつです．当時のニュー・スターは，その後かずかずの試練にさらされることになりました．すべての数学は集合論の上に築かれているのに，教育の現場ではまったく顧みられていないようで，小・中学校の教科書から追い出されただけでなく，大学の数学系の学科でさえ，集合論を教えない

VIII はたして真実があるのか

集合のまわりに集合!

ところがほとんどのようです.

　論より証拠だそうですから，口先ばかりの解説よりも，ここではひとつ，証拠をお見せしなければなりますまい.

　まず，数の性質を調べたり整理したりするのに，集合という概念がなくてはならないものであることは，すでに，117 ページから 127 ページにかけてたっぷりと体験していただきました. それに,「無限」は数ではなく，むしろ，ひとつの「状態」と考えていただいたほうがいいとは書きましたが，無限はやはり，有限の数が限りなく大きくなった状態ですから，数と無縁ではありません. その「無限」に秘められた，かずかずのミステリーをとにもかくにも解明して，第Ⅴ章でたっぷりとご紹介できたのは，なんといっても集合論のおかげです. これが，数と集合が深い絆で結ばれていることの動かぬ証拠です.

　つぎに，関数と集合との間にも浅からぬ因縁があります. その証拠は，つぎのとおりです. 紋切り型のいい方をするなら「2 つの集

合 X, Y があって，X のどの要素 x に対しても，Y の要素 y がただ 1 つだけ対応するとき，その対応を X から Y への関数という」となり，関数と集合の因縁を審議するための法廷へ提出する証拠としては，これで満点でしょう．

証拠としては満点でも，これだけでは嬉しくも悲しくもありませんから，ひとつだけクイズを差し上げます．図 8.3 に 4 つの式を図示してあります．もちろん，横軸は実数集合 X を，縦軸は実数集合 Y を表わし，X の要素は x，Y の要素は y と考えていただくのです．このうち y が x の関数となっているのはどれでしょうか．また，x が y の関数になっているのはどれですか？ 答は，あまりばかにしないで，脚注を見てください*．

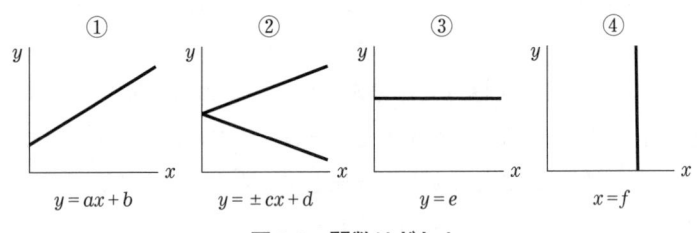

① $y = ax + b$
② $y = \pm cx + d$
③ $y = e$
④ $x = f$

図 8.3 関数はどれか

---

* y が x の関数になっているのは①と③，x が y の関数になっているのは①と④です．②も，y を決めれば，x がただひとつだけ決まるから，x が y の関数ではないかといわれるのですか？ ほら，ひっかかった．図には x が正の範囲しか描いてありませんが，x が負の範囲にも注意を払っていただきたいものです．また，④の場合，y が x の関数として y の解を求めると，$x = f$ の場合には不定，$x \neq f$ の場合には不能です．

なお，集合と関数や写像の関数については『関数のはなし【改訂版】（上）』11〜16 ページを，また，不定や不能については 202 ページあたりを参照していただければ幸いです．

Ⅷ　はたして真実があるのか

　ちょっとした変化球を投げます．x が整数であるとき不等式 $x \geq 2$ の解は何か，と問われたら，どう答えればいいでしょうか．答は

　　　$x = 2, 3, 4, \cdots\cdots$

としたいところですが，正確さをモットーとする数学なのに，……，とはなにごとですか．2, 3, 4 のあとは 5, 6, 7, ……とつづくに決まっていると思うのは，いっちゃ悪いけど，素人です．2, 3, 4 のあとには，6, 9, 14 とつづくかもしれないし，もっと別の値が並ぶかもしれません＊．したがって，数学のモットーに従って正確さを重んずるなら，

　　　$\{x \mid x \text{は整数, かつ}, x \geq 2\}$

と答えていただく必要があります＊＊．

　不等式は式です＊＊＊．式は数字，文字，記号などの組合せですが，図 8.3 でもそうであったように，関数関係を表わすためによく使われます．その不等式の解は値の集合になることが多い，したがっ

＊　1, 2, 3, 5, 8, 13, 21, ……とつづく数列は，フィボナッチの数列として有名です．これに 1 ずつ加えた数列は

　2, 3, 4, 6, 9, 14, 22, ……

となります．いろいろな数列については『数のはなし』，とくに 31 ページあたりをごらんください．

＊＊　「x は整数であり，かつ，$x \geq 2$ である」が命題であるなら，x の値によって，この命題は真になったり，偽になったりします．このとき，この命題を真にするような x の集合，つまり

　$\{x \mid x \text{は整数, かつ}, x \geq 2\}$

をこの命題の**真理集合**といいます．

＊＊＊　式については，『方程式のはなし【改訂版】』第Ⅱ章および第Ⅲ章をどうぞ．

て，関数は集合と密接な関係がある……と，まるで三段論法もどきですが，法廷へ提出する証拠のひとつとして，脱線した次第です．あしからず……．

確 率 と 集 合

手頃なインターバルで節を変えたほうが，新鮮な気分になるので新しい節を起しましたが，内容は前節のつづきです．こんどは，確率の理屈が集合の概念なしでは成立しないという証拠を見ていただこうと思っています．

確率という概念は，むずかしくいうときりがないのですが，つぎのように理解しておけば，じゅうぶんです．ある試みをしたとき起り得るケースが N 個あって，その N 個のケースは，まったく同じ可能性で起ると信ずることができるとします．この N ケースのうち，R ケースが私たちの期待する事象を満足するとき，その事象が起る確率を

$$\frac{R}{N}$$

であると約束するのです*．この「確率」が，どうして集合と切っても切れない関係があるかというと……．

一組のトランプには，♠♡◇♣の4スーツにそれぞれAからKまでの13枚がありますから，しめて52枚のカードがあります．したがって，一組のトランプには，♠♡◇♣の4スーツにそれぞれ

---

* 確率の定義については，『確率のはなし【改訂版】』13ページからと，31ページからに紹介してあります．

Ⅷ　はたして真実があるのか

AからKまで52ケースあり，この52ケースはまったく同じ可能性で起ると信ずることができるでしょう．いま，取り出したカードが♡であることを期待したとすると，それは，13ケースありますから，したがって，取り出したカードが♡である確率は

$$13/52 = 1/4$$

というわけです．

では，取り出されたカードが「♡であり，かつ，Kである確率」はいくらですか．また，「♡か，または，Kである確率」はいくらですか．

♡の集合をH，Kの集合をKと書けば，♡であり，かつ，Kであるカードの集合は

$$H \cap K \tag{3.1}$$

と同じであり，この集合の要素の数は，♡のKただ1枚だけですから，「♡であり，かつ，Kである確率」は1/52です．そして，♡か，または，Kであるカードの集合は

$$H \cup K \tag{3.2}$$

と同じであり，不思議なことに，この集合の要素の数は，♡ 13枚とK 4枚とを加えた17枚ではなく，54ページに書いたように16枚ですから，「♡かKである確率」は16/52，つまり4/13です．

ところが，「♡か，または，♤である確率」を求めるために，♤の集合をSと書き，♡か，または，♤であるカードの集合

$$H \cup S$$

の要素の数を求めてみると，こんどは，♡の13枚と♤の13枚とをもろに加え合わせた26枚です．なぜ，「♡か，または，K」の場合と事情が異なるのでしょうか．それは，

$$H \cap S = \phi$$

であるのに

$$H \cap K \neq \phi$$

だからです．確率論では，このことを♡と♤は，排反事象であり，♡とK(キング)とは，排反事象ではない，として明確に区別しなければなりません．さもないと，計算がまちがってしまいます．

このあたりの事情については，76ページあたりで少し触れていますが，確率を正しく求めるためには，起り得る事象を集合の立場から正確に分類して認識することが，不可欠なポイントであることは，いまの一例からもご納得いただけるでしょう．そして，確率を学んでゆくと，さらに，独立と従属とか条件付き確率とかベイズの定理などなど，いろいろな概念に遭遇します．これらの概念の上に学問的にも，実用的にも有用な確率論が構築されていて，これらの概念を正しく理解するには，集合論的な感覚がなによりも役に立つのですから，やはり，集合論あっての確率論であるといっても，あながち言い過ぎではありません．そして，統計学とくに推測統計学*は，確率論の応用問題みたいなものですから，統計学も集合論あってこそ，ということになりましょう．

図 形 と 集 合

また節が変りますが，内容は，またもや前節のつづきです．こんどは，図形と集合との関係について触れようと思っています．

---

* 推測統計学については『統計のはなし【改訂版】』と『統計解析のはなし【改訂版】』に，げんなりするほど紹介してあります．

Ⅷ はたして真実があるのか

円という言葉は，だれでも知っています．いや，知っていると思っています．けれども，円とは，円の縁の部分だけを指すのでしょうか．それとも，円の内側の領域ぜんぶを指すのでしょうか．いいかえると，円は平面上で，

「ある点からの距離が等しい点の集合」

なのでしょうか．それとも

「ある点から一定の距離以内にある点の集合」

なのでしょうか．集合らしい記号を使って書くなら，ある点を o, 一定の距離を r として

$$\{x \mid \overline{ox} = r\} \tag{8.3}$$

$$\{x \mid \overline{ox} \leqq r\} \tag{8.4}$$

のどちらなのかと疑問が湧くのです．コンパスで円を描き……などという場合には，どうやら式(8.3)のほうらしいのですが，土俵の円から外へ出たら負け……というときには，式(8.4)でなければ，力士は俵づたいにしか動いてはいけないことになってしまい，気になって仕方がありま

$\{x \mid \overline{ox} = r\}$　　　　$\{x \mid \overline{ox} \leqq r\}$

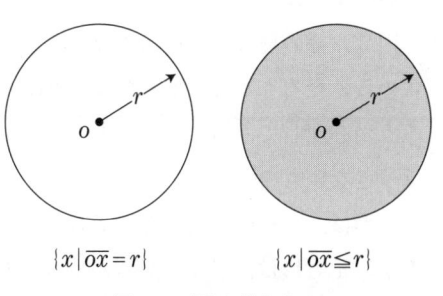

図 8.4　円はどちらか

せん．そこで，二，三の書物を調べてみたところ，どうやら，つぎのように考えておけばよさそうです．

円という言葉は

$$\{x \mid \overline{ox} = r\}$$

つまり，円の縁の部分だけを指し，$\{x \mid \overline{ox} \leq r\}$ のほうは，円板と呼んで区別するのがふつうのようです．けれども，例外的には，$\{x \mid \overline{ox} \leq r\}$ のほうを円ということもあり，この場合には，$\{x \mid \overline{ox} = r\}$ のほうを円周と呼んで区別しています．したがって，正確を期したいときには，縁だけのほうを円周，内側の領域を含めるときには円板と呼ぶのが安全かもしれません．

いずれにしろ，円周も円板も点の集合です．そればかりか，どのような図形も点の集合と考えることができます．たとえば，3次曲線は，$y = ax^3 + bx^2 + cx + d$ という条件を満たす点の無限集合であり，また

　　　　球面：一点からの距離が等しい点の集合

　　　　円柱：一直線からの距離が等しい点の集合

というようにです．

円は，縁の部分だけを指すのだろうか，それとも，円周の内側も含めるのだろうかと心配したついでに，こんどは，正方形は台形だろうか心配してみることにします．ほんとうに，世の中に心配の種は尽きないものです．

台形は，一組の対辺が平行であるような四角形のことです．ところが，正方形は，二組の対辺が平行であるばかりでなく，4つの辺の長さが等しく，そのうえ，4つの角がすべて直角です．一組の対辺が平行でありさえすれば台形なのですから，正方形は台形であるとも思えるし，二組もの対辺が平行であるうえに，4つの辺や角まで等しいようでは，特殊すぎて，とても台形とはいえないとも思えるので，心配の種なのです．

けれども，ここで 197 ページあたりに，$p \Rightarrow q$ は p ではありさえ

すれば，間違いなく q であることを意味し，こういうとき，p は q であるための，十分条件，と呼んだことを思い出していただきたいのです．正方形は，台形であるための条件「一組の対辺が平行」を具備しているのですから，正方形であることは台形であることの十分条件であり，したがって，正方形は間違いなく台形でもあります．

四角形は，凹形のものまで含めて千差万別ですが，四角形のうちで一組の対辺が平行なものを台形，さらに，もう一組の対辺も平行なものを平行四辺形，そのうえ，4つの角が直角のものを長方形，加えて4辺の長さが等しいものを正方形というのですから，それらの集合の包含関係は図8.5のようになります．

こうしてみると

　　　正方形　　　ならば　長方形である
　　　長方形　　　ならば　平行四辺形である
　　　平行四辺形　ならば　台形である
　　　台形　　　　ならば　四角形である

であり，三段論法のまねをして

　　　ゆえに，正方形は四角形である……

と五段論法としゃれこむことができます．ついでのことに，対偶「四角形であれば長方形ではない」は真ですが，逆の「四角形ならば正方形である」や，裏の「正方形でなければ四角形では

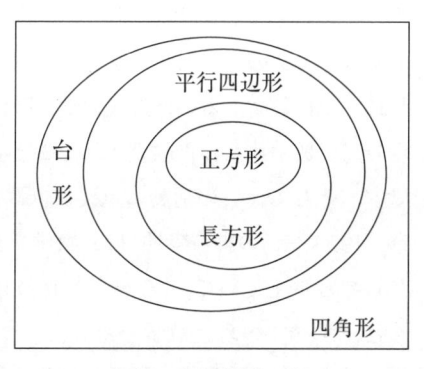

図8.5　四角形一族

ない」は真ではないことなども，反すうしておきたいものです．

集合論の虚像と実像

十数ページにわたって，集合や論理が，数，関数，方程式や不等式の解，確率と統計，図形などのほか，コンピュータの基本形でもあるスイッチ回路とも深くかかわり合っていると，述べてきました．それはそれで，一応は納得できますし，なるほど集合という感覚を身につけていけば数学のいろいろな分野での理解がいっそう深まることも合点がいきます．そして，小学校や中学校で，「集合」という用語を使うかどうかは別としても，集合の考え方を数学教育の中に取り入れることにも同意できるでしょう．

けれども，実をいうと集合論の価値は，他の数学分野における思考の整理を助けることばかりにあるわけではありません．無限の性質を解明するときにも実力の一端を披瀝したように，その実力には，おそるべきものがあると考えられています．

近年になって，雑然と同居する数学の各分野を整理統合して，チームワークのとれた体系を作り上げようとする努力が活発に行なわれ，現代数学あるいは近代数学と呼ばれるきわめて純粋で，抽象度の高い数学体系に再編成されたことは，第Ⅰ章でも述べたとおりです．そして，この活動に重要な位置を占めているブルバキ(第Ⅰ章，19ページの脚注参照)は，数学を集合論を基礎とする「構造」としてとらえていて，「今日，われわれは，理論的にいえば，ほとんど，すべての現代数学をたった1つの源泉から導き得ることを知っている．その源泉──それは集合論である」とさえ言ってい

Ⅷ　はたして真実があるのか

す．現代数学が純粋性を追究するあまり具体性に欠け，内容が乏しくなっているとの非難もないことはないのですが，けれども，それは，集合論の実力を否定するものではありません．

こう書いてくると，集合論は完全無欠のように思われるかもしれませんが，それがそうではないから，楽しくなってしまいます．なんでもそうですが，完全無欠というのは近寄りにくく，しゃくにさわるものです．集合論の弱点は，たとえば，つぎのとおりです．

> 日本語のひらがなと数字を使って，50字以内では表わせない自然数の集合

という集合を考えてみてください．日本語のひらがなと数字を総計すると81種類もありますが，これらを50字並べてできる順列の数は 81^{50}，49字並べる順列の数は 81^{49}，……（中略）……，1字並べる順列の数は81，ですから，これらを総計した「日本語のひらがなと数字を使って，50字以内で表わせる自然数の個数」は明らかに有限です．いっぽう，自然数の個数は無限です．そうすると，無限から有限を差し引いた残りは無限ですから，「日本語のひらがなと数字を使って，50字以内では表わせない自然数の集合」は，無限集合であることが明らかです．

ところが，この集合の要素の中で，もっとも小さな数は「日本語のひらがなと数字を使って，50字以内では表わせない自然数のうち最小の数」ですが，これを実際にひらがなと数字だけで書いてみると

> にほんごの　ひらがなとすうじをつかって　50じいない
> ではあらわせない　しぜんすうのうち　さいしょうのすう

となって，僅か48字で書き終ってしまうではありませんか．50字

以内では表わせないはずの自然数集合の中に，48字で表わせる数があるのです．これは，どうしたことでしょうか．

この矛盾は，「私はうそつきです」とか「例外のない法則はない」などが含む矛盾とよく似ています．「私がうそつき」が真なら「私はうそつきです」もうそであって「私はうそつきではない」でなければならず，「私がうそつき」が偽なら「私はうそつきです」そのものが偽となってしまい，収拾がつきません．これを**うそつきのパラドックス**というのですが，集合論の中にも同じようなパラドックスが存在します．ちょっと，ややこしいかもしれませんが，頭の体操のつもりで，書いてみます．

まず，$x \notin x$ という性質を持つ集合 x の集合を R とします．いいかえれば，「自分自身を元としない集合」の集合，つまり

$$R = \{x \mid x \notin x\} \tag{8.5}$$

を考えるのです．そうすると

$$x \in R \Rightarrow x \notin x \tag{8.6}$$

であり，また

$$x \notin x \Rightarrow x \in R \tag{8.7}$$

です．すなわち，$x \in R$ と $x \notin x$ とは，互いに必要かつ十分な条件です．これをまとめて

$$x \in R \rightleftarrows x \notin x \tag{8.8}$$

と書きましょう．そして，たまたま，x が R であった場合のことを考えましょう．第Ⅱ章でも触れたように，集合では，その集合自身ももとの集合の部分集合だからです．こう考えて式(8.8)の x に R を代入すると

$$R \in R \rightleftarrows R \notin R \tag{8.9}$$

Ⅷ　はたして真実があるのか

となります．集合では，「自分自身を部分集合として含む」ということと，「自分自身を部分集合として含まない」ということが，互いに必要かつ十分な条件だというのです．これには参りました．この矛盾は**ラッセルのパラドックス**と呼ばれ，集合論にとっては弁慶の泣き所です．

この矛盾は，どこからくるのでしょうか．きっと「集合」という概念のどこかにあいまいさが潜んでいるにちがいないのですが，それがどこなのか，どうもよくわかりません．ひょっとすると，集合論はこの点で行き詰まってしまったのではないかと心配する学者もいたくらいです．

けれども，多くの数学者や哲学者が集合論の矛盾を解決しようとけなげな努力を続けた結果，**数学基礎論**という分野が開拓されました．そして，その努力の結晶として，**公理論的集合論**というものが誕生しました．ただし，これに完全に矛盾がないことが証明されたかというと，必ずしもそうとは言えないようです．今のところ，誰も矛盾を発見していない，という程度のようです……．

数学基礎論という名称からは，1 + 1 = 2 のような基礎的な数学のように感じるかもしれませんが，とんでもありません．他の分野が実数，図形，関数などを取り扱うのに対して，数学そのもの，数学の根源を深く深く追究しようとする学問なのです．

それは，現在の数学の論理を白紙から形式的に組み上げることによって矛盾を含まない論理体系を作り出す方向からも，また，神ならぬ人間が判断できる限界をわきまえて論理を組み立てるほうからも，苦悩に満ちた一歩一歩を進めています．

私たちは，どちらかといえば数学の外野席にあって，おもしろそうなところや，実利がありそうなところだけをつまみ喰いさせていただいています．そして，数学の基礎を支える深遠な哲学や，それを生み出すための苦悩などに思いをいたすことはほとんどありません．それはちょうど，車のハンドルを握ったり，テレビのチャンネルを選択したりして実利だけには浴しながら，車やテレビのメカニズムを支えている科学知識や，それらを生み出す科学者や技術者の苦悩に思いをいたすことがほとんどないのと似ています．

　もちろん，だからといって，それを不道徳なことや恥ずかしいことだと申し上げるつもりは毛頭ありません．一見，数学の進歩になんの寄与もしていないように思われる人たちでも，肉体的な労働で物資の生産にたずさわるとか，物資や情報の流通に貢献するとかして，数学者が存在するための経済的基盤を作り出すことに一役かっているのですから，数学の所産を遠慮なくつまみ喰いしていいのだろうと思っています．

　それにしても，実利だけを遠慮なくつまみ喰いさせていただく以上，実利などには目もくれず，しかし，結果的には多くの実利を伴う人類の智的財産を築くために，寝食を忘れて苦闘をつづけている数学者たちの活躍に対しては，惜しみなく盛大な拍手を送りたいものです．

付　　録

付録1　ベン図について

集合どうしの関係をいくつかの長方形や円で表わしたものを**ベン図**と呼んできましたが，ほんとうはこれらはオイラー図と呼ぶのが正しく，ベンの図式表現法は，つぎのようなものであったといわれています．

図1は，オイラー流の表わし方ですが，これによると，

$$A \subset B, \quad A \subset C$$

したがって

$$B \cap C \neq \phi$$

であると，だれでも思います．けれども，もしAが空集合であったらどうでしょうか．$B \cap C \neq \phi$ という保証はないではありませんか．

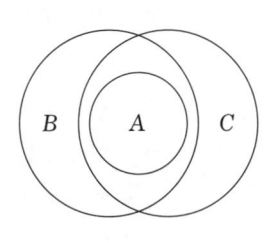

そこで，ベン流の表わし方では，空集合の部分には斜線を施すことにします．図2の場合，

$$A - B = \phi$$

であり，これが即

$$A \subset B$$

を紛れもなく表現しています．ただし，斜

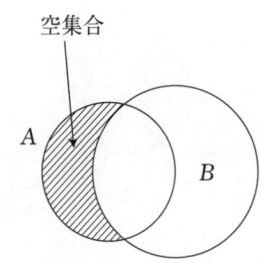

図1

図2

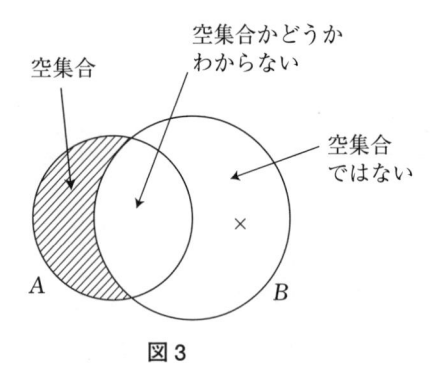

線を施していない部分については、なにも物語っていないと解釈します。つまり、図2では、$A \cap B$ や $B - A$ が空集合であるかないかはわからず、この図からは $A \subset B$ 以外のことを勝手に読みとってはいけません。

図3

空集合ではないことを明確にするためには図3のように×印を用います。すなわち、図3からは

$A \subset B$, $B \neq \phi$, $B - A \neq \phi$

であることがわかり、$A \cap B$ が空集合かどうかについてはわからない……というわけです。では……

　　すべてのヒトは、ユウレイではない

　　すべてのユウレイは、生物である

　　ゆえに、あるユウレイはヒトではない

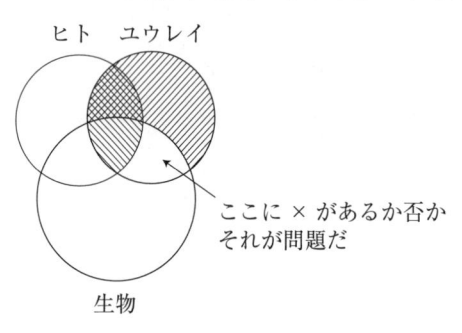

この三段論法は正しいでしょうか。

ベン図は図4のようになります。まず、ヒト集合とユウレイ集合の交りに斜線が引かれます。つぎにユウレイ集合—生物集合の範囲にも斜線が引

図4

かれてベン図はでき上がりです．このベン図から「あるユウレイはヒトではない」が読みとれるでしょうか．答は，図の中に書き込んだとおりです．ユウレイが実在するならこの三段論法は正しいし，実在しないなら正しくありません．

付録2　直積について

たとえば……．図5のように，横軸には$0 \sim a$までの実数を，縦軸には$0 \sim b$までの実数をとり，xとyが

$$0 \leq x \leq a, \quad 0 \leq y \leq b$$

であるとします．そうすると，xとyとを決めると図5に描かれた長方形の中に一点Pが決まります．その逆に，点Pを決めればxとyが決まります．いま

$$X = \{x \mid 0 \leq x \leq a\},$$
$$Y = \{y \mid 0 \leq y \leq b\}$$

と考えるとき，図5に描かれた長方形の中のあらゆる点の集合を，いいかえれば(x, y)の全体が作る集合を，集合Xと集合Yの**直積**と呼びます．一般的にいうと，集合Mの要素mと，集合Nの要素nの組(m, n)の全体が作る集合をMとNの直積と呼んで，$M \times N$で表わすのです．これらは，関数の定義域などを説明するときに便利ですが，集合の一般的な議論にはあまり必要がないので，本文では省略しました．

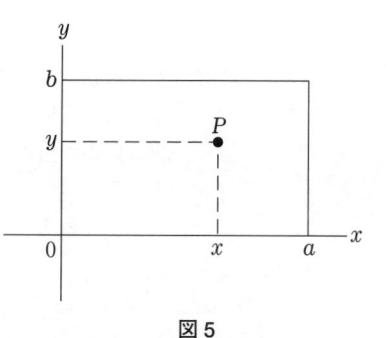

図5

だれか教えてください．

女の口から出る「いいえ」は，否定ではない．
　　　　　　　　　──フィリップ・シドニー

　では，女の口から出る「はい」は………？
　　　　男の口から出る「いいえ」は……？
　　　　男の口から出る「はい」は………？

著者紹介

大村　平（工学博士）

1930 年　秋田県に生まれる
1953 年　東京工業大学機械工学科卒業
　　　　防衛庁空幕技術部長，航空実験団司令，
　　　　西部航空方面隊司令官，航空幕僚長を歴任
1987 年　退官．その後，防衛庁技術研究本部技術顧問，
　　　　お茶の水女子大学非常勤講師，日本電気株式会社顧問，
　　　　(社)日本航空宇宙工業会顧問などを歴任

論理と集合のはなし【改訂版】
— 正しい思考の法則 —

1981 年10月 7 日　第 1 刷発行
2005 年 2 月 7 日　第10刷発行
2014 年 7 月26日　改訂版 第 1 刷発行

著　者　大　村　　　平

発行人　田　中　　　健

検印省略

発行所　株式会社 日科技連出版社
〒 151-0051　東京都渋谷区千駄ヶ谷 5-4-2
電　話　出版　03-5379-1244
　　　　営業　03-5379-1238 〜 9
振替口座　　　東京 00170-1-7309

Printed in Japan　　印刷・製本　河北印刷株式会社

© *Hitoshi Ohmura* 1981, 2014
ISBN 978-4-8171-9521-0
URL http://www.juse-p.co.jp/

本書の全部または一部を無断で複写複製(コピー)することは，著作権法上での例外を除き，禁じられています．